中国红毛丹
栽培技术

◎ 周兆禧　林兴娥　谢军海　主编

中国农业科学技术出版社

图书在版编目（CIP）数据

中国红毛丹栽培技术 / 周兆禧，林兴娥，谢军海主编. --北京：中国农业科学技术出版社，2023.7
ISBN 978-7-5116-6380-1

Ⅰ.①中… Ⅱ.①周… ②林… ③谢… Ⅲ.①韶子－果树园艺－中国 Ⅳ.①S667.9

中国国家版本馆CIP数据核字（2023）第 140576 号

责任编辑　周丽丽
责任校对　李向荣
责任印制　姜义伟　王思文

出 版 者　中国农业科学技术出版社
　　　　　北京市中关村南大街 12 号　　邮编：100081
电　　话　（010）82109194（编辑室）　　（010）82109702（发行部）
　　　　　（010）82109709（读者服务部）
网　　址　https：// castp.caas.cn
经 销 者　各地新华书店
印 刷 者　北京地大彩印有限公司
开　　本　148 mm × 210 mm　　1/32
印　　张　6.125
字　　数　150 千字
版　　次　2023 年 7 月第 1 版　　2023 年 7 月第 1 次印刷
定　　价　60.00 元

　　本书的编写和出版，得到2021年保亭县重点研发计划"海南红毛丹主栽品种优质高效栽培技术研究（BTZDYF2021002）"和"琼中县和平镇农业标准化建设体系"项目资助

《中国红毛丹栽培技术》
编委会

主　　编　周兆禧　林兴娥　谢军海

副 主 编　毛海涛　崔志富　刘咲顿　叶才华

　　　　　　谢昌平　周　祥

参编人员（以姓氏拼音为序）

　　　　　　蔡俊程　陈妹姑　高宏茂　何　芬

　　　　　　何红照　洪继旺　黄　辉　李明东

　　　　　　李新国　廖　娟　吕小舟　马仁强

　　　　　　明建鸿　宋海漫　谭海雄　王有政

　　　　　　翁艳梅　肖正新　臧小平　张栋平

　　　　　　朱振忠　卓　斌

前　言

红毛丹（*Nephelium lappaceum* L.）为无患子科韶子属多年生常绿乔木植物，原产于马来群岛，是著名的热带特色珍稀水果，享有"热带果王"的美誉。果品肉厚、汁多、清甜、风味独特、营养价值较高，可以生食，也可以加工制作果汁、果酱等；而且果实、树木可分别用作药物开发、建筑材料等，具有极高的经济价值。

红毛丹于20世纪60年代引入我国并在海南省各市县和云南省西双版纳试验种植，至1986年仅在海南省保亭县规模化种植示范取得成功，于1997年开始规模化推广种植红毛丹。经过20余年的努力，红毛丹产业已经成为海南省最具地方特色的优势产业之一。海南省红毛丹种植面积自1993年开始迅速扩大，2020年增加到1 333 hm²以上。2022年仅海南省保亭县种植面积就超过2 600 hm²，产值超过4亿元人民币，是海南省热带特色高效水果产业的重要组成部分，已经形成了海南省热带名特优典型热带果树产业的亮丽名片之一。在我国，海南省保亭县是目前最适合且能较大面积种植红毛丹的地区。2016年"保亭红毛丹"获得国家行政管理局商标局认定的地理标志证明商标；2018年获得农业农村部首批农产品地理标志认证；2019年在海口市举行了"保亭

1

红毛丹"公共品牌发布会，并成立了保亭红毛丹公共品牌专家智库；2021年，红毛丹是海南省乡村振兴十大爆款产品其中之一；2022年（首届）海南保亭红毛丹文化节——保亭热带特色高效农业合作发展论坛举行，业界专家学者、精英共话自贸港背景下热带特色高效农业发展，指出保亭依托稀缺的热带农业资源，做好"特色"文章，打出了红毛丹热带特色高效农业"王牌"。"保亭柒鲜"产值之一的红毛丹目前种植面积超过3万亩，产值突破4亿元，已成为保亭的亮丽名片之一。

海南省委省政府组织专家编写了《热带优异果蔬资源开发利用规划（2022—2030）》，其中把红毛丹作为特色产业之一重点推进。把引进同纬度热带优异果树品种的工作提到了新的高度。

海南是国内能大面积种植红毛丹的优势区域，从目前的市场行情分析，种植1亩红毛丹的收益将超过种植传统农作物6亩的收益，因此红毛丹必将成为海南优势特色果业之一。红毛丹适宜在坡地、丘陵地和平地种植，种植方式灵活多样，可以商业化、规模化栽培，也可以在房前屋后庭院式栽培和道路两侧栽培。在推进乡村振兴发展中，红毛丹作为具有地域特征鲜明、乡土气息浓厚的小众类果树，发展潜力巨大，对促进农民增收、助力地方乡村振兴具有重要意义。

本书由中国热带农业科学院热带作物品种资源研究所（海南省热带果树栽培工程技术研究中心）周兆禧副研究员、林兴娥助理研究员和保亭黎族苗族自治县农业服务中心谢军海农艺师主编，其中周兆禧负责图书框架及栽培管理部分撰写，林兴娥主要负责红毛丹的品种特点、生物学特性、生态学习性及相关贸易等内容的撰写，谢军海主要负责种苗繁育及保花保果技术的撰写，毛海涛负责红毛丹果实品质分析的撰写，刘咲顿主要负责相关图片资料整理，廖娟、卓斌、谭海雄、张栋平主要负责红毛丹基地田间观测资料记录整理，海南大学谢昌平负责红毛丹主要病害及其防控技术的撰写，海南省保亭热带作物研究所崔志富研究员主要负责红毛丹保花保果及种苗繁育技术的撰写，海南大学周祥教授负责红毛丹主要虫害及综合防控技术的撰写，洪继旺、明建鸿负责红毛丹产业调研，宋海漫、蔡俊程负责红毛丹示范基地管理及种苗繁育技术的撰写，高宏茂负责图片资料整理。书中系统介绍了我国红毛丹的发展历史、生物学特性、生态学习性、主要品种（系）、种植技术及病虫害防控等基本知识，既有国内外研究成果与生产实践经验的总结，也涵盖了中国热带农业科学院科技人员在该领域的最新研究成果。本书图文并茂且介绍详细，技术性和操作性强，可供广大红毛丹种植户、农业科技人员和高等院校师生等查阅使用，对我国红毛丹的商业化发展具有一定的指导作用，对加快我国红毛丹果树产业科技创新、产业发展，促进农业增效、农民增收，推动产业可持续发展具有重要现实意义。本书是在中国热带农业科学院热带作物品种资源研究所和海口实验站团队成员研究成果基础上，并参考国内外同行最新研究进展编写而成的，编写过程中得到海南省保亭县农业服务中心、科技工业信息化局的大力支持，得到海南七仙影农业开发有限公司、保亭驰宇农业科技有限公司和保亭智农农业发展有限责任公司协助，在此谨表诚挚的谢意！感谢海南大学园艺学院李新国教授的无私指导与帮助，感谢陈妹姑、朱振忠和何红照研究生的协助。由于水平所限，难免有错漏之处，恳请读者批评指正。

编　者

2023年3月

目　　录

CONTENTS

第一章

发展现状

一、原产地及分类

红毛丹（*Nephelium lappaceum* Linn.），又名韶子、毛荔枝，属无患子科韶子属多年生常绿乔木植物，是著名的热带特色水果。红毛丹原产于马来群岛，在马来西亚、泰国、印度尼西亚、缅甸、越南、新加坡、菲律宾等东南亚国家广泛种植，美国夏威夷和澳大利亚等也有栽培，在泰国有"果王"之称。红毛丹仅在中国台湾、海南有大面积种植，在云南西双版纳、海南等地区发现了野生红毛丹。研究表明，对3个红毛丹植物学品种（*Nephelium lappaceum*），即*Nephelium lappaceum* var. *lappaceum*、*Nephelium lappaceum* var. *pallens*和*Nephelium lappaceum* var. *xanthioides*，进行了鉴定评价。其中*Nephelium lappaceum* var. *lappaceum*为常见栽培类型，该种叶片中部以上最宽，叶脉明显弯曲。*Nephelium lappaceum* var. *pallens*叶片中部以下最宽，叶脉中度弯曲，*Nephelium lappaceum* var. *xanthioides*叶片中部以下最宽，叶脉略微弯曲。广泛种植的水果作物如荔枝（*Litchi chinensis* Sonn.）和龙眼（*Dimocarpus longan* Lour.）和其他小的食用水果如pulasan（*Nephelium mutabile* Blume.），lotong（*Nephelium cuspidatum*），bulala（*Nephelium intermedium*）和西非荔枝果akee（*Blighia sapida*）是红毛丹的近缘水果作物。红毛丹是中国所产的3种韶子属植物之一，另外两种是韶子（*Nephelium chryseum*）与海南韶子（*Nephelium topengii*）。

二、红毛丹果品贸易概况

红毛丹在东南亚广泛栽培，目前世界上红毛丹种植面积约为14万hm^2，产量约为180万t。泰国、马来西亚和印度尼西亚是最大的红毛丹生产国，总计占全球红毛丹供应量的97%。泰国和马来西亚是新鲜红毛丹的主要出口国，泰国的红毛丹种植面积约为71 150 hm²，产量约448 500 t；印度尼西亚约43 000 hm²，产量约199 200 t；马来西亚约为2万hm²，产量约57 000 t，菲律宾约500 hm²。在北半球红毛丹于2—9月上市，5—8月是红毛丹上市的高峰期。泰国和马来西亚是新鲜红毛丹的主要出口国，新鲜红毛丹出口价值约为179 000美元。我国红毛丹产量低，国内市场供不应求，其售价远高于荔枝和龙眼，国内生产的红毛丹鲜果不能满足市场需求。

据我国海关数据显示，2019年中国红毛丹进口量为1 867.81 t，较2018年增加21.88%；2019年中国红毛丹进口金额为2 855.95万元，较2018年增加13.79%。2020年我国红毛丹进口量达823.832 t，较2019年减少55.9%（表1-1），这主要受新冠肺炎疫情影响。据2021年海关总署《获得我国检验检疫准入的新鲜水果种类及输出国家地区名录》显示，我国红毛丹进口国主要有马来西亚、缅甸、泰国和越南等。泰国是最大的红毛丹生产国，2020年红毛丹种植面积达10万hm²，产量约130万t，同年我国从泰国进口红毛丹数量达756.474 t，占总红毛丹进口数量的91.8%。截至2022年年底，海南红毛丹种植面积突破3 000 hm²，且近几年，每年新增面积300 hm²以上。

表1-1 红毛丹贸易情况

年份	进口量（t）	进口金额（万元）	出口量（t）	出口金额（万元）
2016	1 832.477	2 564.634	0.364	0.346
2017	1 490.602	2 290.488	2.778	2.900
2018	1 459.169	2 462.227	11.967	9.561

（续表）

年份	进口量（t）	进口金额（万元）	出口量（t）	出口金额（万元）
2019	1 867.810	2 855.950	7.731	5.978
2020	823.832	1 244.153	7.900	7.633

三、红毛丹国内发展概况

红毛丹于1915年就被引进中国台湾。1962年中国台湾从马来西亚进口了红毛丹苗木，其中一些苗木在中国台湾南部开花结果。自20世纪60年代初以来，云南省西双版纳也进行了红毛丹的引种试验，种植面积约10 hm²。于20世纪30年代首次引入海南岛，但直到1960年才试种成功，当时海南省保亭热带作物研究所从马来西亚引进了种子，并建立了种质资源圃。1967年，实生树第一次开花结实，这标志着红毛丹引种的成功。然而，直到20世纪90年代初，海南红毛丹产业发展缓慢。海南省的种植面积从1993年开始迅速扩大，从2003年的20 hm²增加到2020年的1 333 hm²以上。2022年仅海南省保亭县种植面积就超过2 600 hm²，产值超过4亿元人民币。

近几年，我国热带水果的需求量大大增加，随着市场设施和运销技术的改善，热带水果的消费者范围大大扩展。红毛丹为热带特色果树，口感独特，具有很高的观赏价值、药用价值和食用价值，是一种上等水果品种。红毛丹作为海南省保亭黎族苗族自治县的传统水果，有了地标加持，红毛丹销量和价格得到了极大的提高。在标准化栽培管理情况下，红毛丹每亩[①]产量可达1 500 kg以上，按收购价14～28元/kg，每亩红毛丹可达3万元

---

① 1亩≈667 m²；15亩=1 hm²。全书同。

以上，扣除种植成本6 000元，净收益可达2万元以上。通过推进
农业品牌建设，保亭红毛丹获得了农业农村部农产品地理标志
认证，加上产业链延长、附加值提高，以及包装宣传、组织活
动等，保亭红毛丹价格涨到了23～30元/kg，种植面积也增加了
50%。红毛丹由于种植范围的局限性，在我国只有海南的保亭、
陵水、乐东及三亚的部分地区可以大规模种植。每到红毛丹成
熟的季节，买者众多，呈供不应求之势。北京、上海、广州、
深圳等一些大城市，红毛丹全部依靠从国外进口，价格达30～
40元/kg。大部分大中型城市，红毛丹供应尚属空缺。发展红毛
丹种植业，真正体现"人无我有"的产品优势。红毛丹具有广阔
的市场前景。

目前我国红毛丹生产主栽品种保研系列（保研1号至保研12
号）为海南保亭热带作物研究所多年选育而成的，除保研2号为
黄色外，其余品系果皮均为红色，其中保研7号因高产、稳产、
抗旱、一年可结果多次等突出的优良性状，目前在海南保亭种植
面积最大。

图1-1　海南红毛丹主栽品种结果（周兆禧　摄）

第二章

功能营养

一、营养价值

红毛丹果实富含维生素、氨基酸、碳水化合物和多种矿物质等，是一种营养价值高的美味水果。除鲜食外，还可以制作成蜜饯、酒、果汁和冰沙等。红毛丹果实可食率为31%～60.2%，每100 g红毛丹果肉含总糖210～240 mg、抗坏血酸38～70 mg、膳食纤维2.7 g、维生素C 0.63～5.5 mg。总可溶性固形物含量为14%～22.2%，柠檬酸含量为0.39%～1.53%。红毛丹果实矿物质含量丰富，海南本土红毛丹果肉中Ca、Cu、P、Mg、Zn、Fe、Mn含量分别为0.24 mg/g、0.05 mg/g、1.06 mg/g、2.21 mg/g、0.02 mg/g、0.19 mg/g、0.04 mg/g。

二、药用价值

（一）风味独特

较好的糖酸平衡（SSC/TA比值反映）使得红毛丹果实具有较好的风味，含糖量低于荔枝，非常适合怕甜怕胖人群。大马酮、甲基丁酸乙酯、呋喃酮、2-壬烯醛、壬醛、2，6-壬二烯醛、（E）-4，5-环氧基-（E）-2-癸烯醛、内酯、香草醛、肉桂醛、愈创木酚等风味物质的综合作用铸就了红毛丹的诱人风味。

（二）补血理气

红毛丹的Ca、P、S、Mg元素含量特别高，Zn、Cu、Fe和Mn等元素含量也相对较高，红毛丹作为一种健康营养食品，常食大有裨益。Fe是人体必需的微量元素，也是体内含量最高的微量元素，缺铁影响人体血红蛋白的合成，形成缺铁性贫血而致人疲乏、无力、注意力不集中、失眠、食欲不振、皮肤干燥。因此食用红毛丹有补血理气作用。

（三）清热解毒

红毛丹能清心泻火，清热除烦，能够消除血液中的热毒。适宜于容易上火的人士食用。清理身体内长期淤积的毒素，有益身体健康。

（四）抗氧化

红毛丹中含有丰富的具抗氧化功能的酚类、维生素C等，可以阻止或降低人体代谢产生的、引起衰老的元凶——自由基，从而防止正常细胞被破坏。因此，常食红毛丹有利于人体抗氧化、抗衰老。

第三章

生物学特性

一、形态特征

（一）根

红毛丹根系由主根、侧根、须根及根毛组成。主根多为直立根，一般采用种子播种育苗的，主根较为发达，扎土较深。圈枝苗没有主根。当主根生长受到抑制时，侧根生长旺盛，侧根进一步分为一级侧根、二级侧根等，侧根一般水平方向生长，主根、侧根及须根发达的吸收营养的能力较强，所谓的根深叶茂就是这个道理。

（二）茎

红毛丹属于热带多年生乔木果树，树高可达8～10 m，主干明显粗大，木质纹理致密而坚实，是家具的优质木材。商业化栽培的红毛丹虽然主干明显，但一般采用矮化密植，导致主干也相应矮化。

（三）枝

红毛丹树冠宽广，一般呈圆头形或伞形，枝分为一级主枝、二级主枝、三级枝等。主枝粗壮、分枝多而密、分枝均匀、透光性好的树冠有利于高产。

（四）叶

叶为偶数羽状复叶，或因顶生小叶发育不完全而形成奇数羽状复叶，叶连柄长15～45 cm，叶轴稍粗壮，干时有皱纹；小叶2或3对，很少1或4对，薄革质，椭圆形或倒卵形，长6～18 cm，宽4～7.5 cm，顶端钝或微圆，有时近短尖，基部楔形，全缘，两面无毛；侧脉7～9对，干时褐红色，仅在背面凸起，网状小脉略呈蜂巢状，干时两面可见；小叶柄长约5 mm（图3-1）。

图3-1　红毛丹的叶（周兆禧　摄）

（五）花

花单性或两性，无花瓣，花萼杯状（图3-2，图3-3）。花有3种：①雄花，具有雄蕊5～8枚，花绿白色，花药黄色，无子房；②雌花，具有雌蕊而雄蕊退化；③两性花，具有雌蕊和5枚雄蕊，柱头2裂，子房通常2室，每室1胚珠。

根据花的特性，把红毛丹植株分为3种：①雄株，单开雄花，占实生树群体的40%～60%；②具有雌花功能的两性花株，花两性，雌蕊正常发育，雄蕊发育不良，花药不开裂；③两性花株，有些花具雌性功能，有些具雄性功能，雄性功能花极少。

一个花序一般有500朵左右的花，花的多少与品种、树体营养及气候有关。红毛丹实生苗种植的树有雌雄同株和雌雄异株，实生树开雄花的一般占40%～60%，称为"公树"，嫁接苗种植的多为雌雄同株。

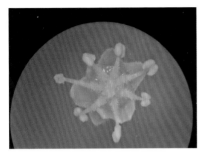

图3-2 红毛丹的雄花
（崔志富 摄）

图3-3 红毛丹的两性花
（崔志富 摄）

图3-4 红毛丹开花（周兆禧 摄）

（六）果实

红毛丹果树由果柄、果皮、果肉及种子等部分组成。果实的形状有球形、椭圆形、长卵形，果梗短而粗。果实颜色分为红色和黄色两种（图3-5，图3-6）；果长3.5～8.0 cm，果径2.0～3.5 cm，果形指数一般在1.00～1.79，外果皮上着生刺毛，成熟果树刺毛有红色和黄色，刺毛顶端一般呈钩状，刺毛长短稀密及果实品质因品种而异。

图3-5　红果类红毛丹（周兆禧　摄）　图3-6　黄果类红毛丹（周兆禧　摄）

（七）种子

每个果实1枚种子，长卵形，长2.5 cm左右，宽1 cm左右，子叶2片、白色，较为厚实。不同品种资源的种子大小各异（图3-7）。

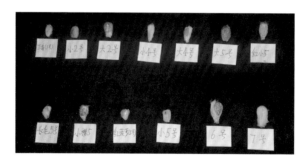

图3-7　红毛丹不同品种及资源的种子（周兆禧　摄）

二、生长发育特性

（一）根系分布及生长动态

1.根系分布

红毛丹根系庞大，须根多而密，其分布范围与所在土壤的性质、土层厚薄、地下水位高低等密切相关。红毛丹根系垂直分布，通常地下水位低，土层深厚、疏松、肥沃，根系分布较深；地下水位高，土层瘠薄，根系生长较浅；主根未受到伤害的根系分布较深；主根生长点被切断以及高压繁殖苗的根系分布较浅。一般来说，红毛丹根大多数分布在60 cm以上的土层内，吸收营养主要集中在20～40 cm深的土层中。

红毛丹根系的水平分布通常比树冠大1～2倍，以距主干约1 m至树冠外缘根量最多，施肥区比非施肥区根量显著增加，健壮树总根量比衰弱树多达数倍。

2. 根系生长动态

红毛丹根系在满足根系养分需求的条件下，可以全年不间断生长，不同时期生长势强弱各异。在一年中，红毛丹根系有3个生长高峰。

第一次生长高峰出现在4—5月，此时是谢花后幼果发育，树体已消耗大量养分的时期，一般根量较少。

第二次生长高峰出现在7—8月，此时地温较高、湿度大，适合根系生长，是一年中根系生长量最大的时期。

第三次生长高峰出现在10—11月，此时，果实采收后树体逐渐进入花芽分化期，同时地面温度逐渐降低。

在一年中，根系随季节、地上部物候期的变化呈现节奏性活动。

（二）枝梢生长动态

红毛丹的新梢，多从上一次营养枝顶芽及其下2～3个芽抽出，采果枝及修剪枝从枝条先端腋芽抽出，此外，树干或枝条也会萌发新梢。

一年中新梢发生的次数，因树龄、树势、品种和气候条件而定。幼年树营养生长旺盛，若肥水充足，温度适宜，可抽新梢3～5次；盛果期的树，当年采果后抽梢1～2次，无结果年份，抽梢3～4次，抽梢时间一般在2—4月、5—7月、8—10月。

不同季节对梢期长短、叶色变化、枝梢质量影响很大。11月至翌年4月，温度较低、湿度小、梢期较长、枝梢较细；而5—10月气温高、雨水多、叶片转绿快、光合效能提高、营养积累多、生长快，此时梢期较短，故抽梢次数多，幼年树的管理充分利用这一特点，加速其生长、扩大树冠。红毛丹枝梢在一年生长发育，枝梢的生长可分为以下类型。

1. 春梢

春梢一般于春分至清明抽出，但萌发时期也随树势强弱、气温高低、湿度大小而变化。树势壮旺，前一年秋梢抽得早、无冬梢的树，至12月上旬顶芽及侧芽较饱满，抽春梢较早，多于1月中下旬雨水天之后萌发；而树势较弱，前一年抽晚秋梢或冬春温度较低则萌发较晚，于2—3月抽梢，少数4月抽出。而结果树2—4月开花。在同一植株中，如有大量春梢抽出，则影响花的质量，甚至加重幼果脱落。

2. 夏梢

夏梢于5月上旬至7月底抽出发梢。幼年或盛果期树先后有2～3次抽梢。第一次在春梢老熟后5月上中旬萌发。第二次于6月中下旬萌发，植株生长旺盛者于7月下旬再次萌发新梢，生长期跨入下一个季度。梢期先后由长到短，长的40 d左右，短的20 d左右。有的新梢未充分老熟，紧接着顶芽萌动，第二次新梢生长。由于连续生长，若养分供应不足，后期萌动的新梢生长量少而弱。未开花的成年树通常春梢萌发后少有夏梢。

3. 秋梢

秋梢于8—10月抽出，也有提早于7月下旬抽出。秋梢是结果树翌年开花结果的重要枝梢，萌发适时将形成良好的结果母枝。幼树能萌发秋梢2次，分别于8月上中旬和9月下旬至10月初各抽1次。成年结果树一般萌发1次，于8—9月抽出。管理不好的果园，也有不抽秋梢的。所以在栽培措施上，培育秋梢适时抽出，是管理工作的重要内容，是翌年丰产的基础。

4. 冬梢

11月起抽出的新梢称为冬梢。若冬季高温高湿，红毛丹仍能继续萌发新梢，冬梢翌年一般不能开花结果。

5. 开花与结果

红毛丹经数年的营养生长后转入生殖生长。一般实生树植后7~8年开花结果。嫁接苗植后3~4年开花结果。实生树雌雄同株，也有单雄性花的"公树"。嫁接树是通过人为选择的优良母树取接穗繁殖，一般都为雌雄同株。因品种花期而异。据海南省保亭热带作物研究所调查，"公树"的花药活力较强、花量大，与雌蕊授粉稳实率较高。因此，果园中适种一些"公树"或改接一些芽接树枝条，可有效提高接粉率，提高产量。

在海南保亭地区，红毛丹树枝条间的养分相互影响较小，只要结果母枝上的枝条老熟，养分充足环境适宜，就能花芽分化，开花结果，一般花期在2—4月。但品种、气候、种植区域和植株营养状况都直接影响开花期。红毛丹一般每年可开3次花，因品种而异，即春花、夏花和秋花，以春花为主，占80%~90%，春花坐果率高，果大质优。因此，在栽培管理上常以加强肥水管理、整形修剪、疏花疏果等措施控制一年一花，促进春花萌发。在海南保亭地区红毛丹开花稳实率为9.15%，成果率为2.04%，有

19

蜜蜂等传粉的果园坐果率更高。

结果树喜光，光照充足，生长势好，开花多，稔实率高，成果率也高。一般在植株上部的树梢或受光较好的枝梢，新生的健壮枝条为重要结果枝条，抽出的花穗壮、花量多、结果多；植株下部的枝梢，树内层枝梢受光少，花穗少而弱，结果少。

红毛丹果实于发育期有3次落果高峰期。第一次于幼果长至0.1~1.0 cm软毛刺刚长出时，就出现大量落果，其原因是授粉受精不良所致。第二次于幼果长至拇指大小时，这一时期属于果实迅速膨大期，遇久旱突降大雨或连续的阴雨天气后出现大量落果，其原因，是养分、水分生理失调造成，少部分为败育果，多长成畸形果。在幼果期遇到干旱或干热风，也会加重落果。第三次落果高峰期是果实转色期，其原因是果实成熟需要大量的养分，养分不足导致落果。

红毛丹在海南保亭地区一般于6月中下旬至8月上旬果实成熟。但不同的品种果实成熟期都不同，早熟品种成熟期为6月下旬至7月上中旬，中熟品种成熟期为7月，晚熟品种成熟期为8月之后。红毛丹果实成熟时，红果品种由绿转红或深红，黄果品种由绿转黄或橙黄。红毛丹果实成熟期较长，同一株树果实成熟期可长达30 d，因此，采果可分2~3批采收，或可根据市场行情，调整采收时间。但不同品种的果实成熟后的树上保鲜时间有较大的差异，如'保研4''保研6号'可保鲜15 d左右，但是'保研7号'可保鲜7 d左右。

三、对环境条件的要求

（一）产业发展生态指标

红毛丹产业发展生产指标也称为经济栽培生态指标，经济栽培有一定的区域性。根据引种栽培的资料分析，红毛丹经济栽培最适宜的生长指标是：年平均温24℃以上，最冷月（1月）月平均气温19℃以上，冬季绝对低温5℃以上，≥10℃有效积温8 600℃以上，最低气温<10℃的天数不超过2 d，未出现5℃以下的低温；年降水量1 800 mm以上；年日照时数1 870.3 h以上，土壤pH值5.5～6.0，有机质含量2%以上，风速1.3 m/s。总体要求是不出现严寒，湿度高、温度高、无台风、土壤肥沃。

（二）温度

红毛丹为典型热带果树，温度是红毛丹栽培的限制因子之一，是红毛丹营养生长和生殖主要影响因素之一。据国内外研究报道，红毛丹适宜生长在年平均温度21.5～31.4℃的地区，据研究观察：每年11月至翌年2月各月的平均温度18℃以上，绝对低温10℃以上，低温持续时间不长时，红毛丹生长发育正常，若出现5℃以下的低温，当年开花结果不正常，嫩枝会有不同程度的受害。1963年11月海南省保亭热带作物研究所的绝对最低气温为2～6℃，红毛丹实生树体枝梢出现2～3级寒害，当年春季不开花，6月以后少数植株枝梢开花结果。红毛丹寒害的临界温度为5℃以上，持续时间越长，损失越严重，不同品种的红毛丹品种的抗寒能力有较大的差异一般温度低于10℃就会受害落叶，'保研6号'的抗寒能力较强。

（三）湿度

红毛丹性喜高温高湿。雨量充足与否，土壤及空气湿度大小是红毛丹生长及花芽分化、开花结果的另一个主要影响因素。泰国红毛丹主产区的年降水量为2 828.7 mm，雨量集中在5—9月，以7月降水量最多，有时达619 mm，在高温高湿的气候条件下，红毛丹生长好、产量高。海南省保亭热带作物研究所年降水量925.7～2 482.3 mm，平均1 884.8 mm，干湿季节明显，5—10月降雨多，但11月至翌年4月雨水偏少，土壤干燥、空气湿度低，致使花期推迟且不集中，稳实成果率低。相反，春季降雨过多，则易萌发冬梢，不利于花芽分化。花期忌雨，雨多会影响授粉受精。幼果期、果实膨大期阴雨天多，光合作用效能低、易致落果；花期又需要适量的降水，如遇少雨干旱，会妨碍果实生长发育，引起大量落果。久旱骤雨，水分过多，也会大量落果。

（四）土壤

红毛丹对土壤适应性较强。山地、丘陵地的红壤土、沙壤土、砾石土；平地的黏壤土、冲积土等都能正常生长和结果。山地、丘陵地，地势高、土层厚、排水良好，但缺乏有机质，肥力较低，经深翻改土，根群分布深而广，植株生长势中等。平地地势低、水位高，有机质丰富，水分足，树木生长快，生长势旺盛，根群分布浅而广。排水不良的低洼地及地下水位过高的地方不能种植红毛丹。另外，红毛丹喜酸性土壤、土壤的pH值5.5～6.0，碱性土及偏碱性土不宜种植红毛丹。

（五）光照

红毛丹幼苗需要荫蔽度30%～50%，成龄树则喜好阳光。光线充足有助于促进同化作用、增加有机质的积累，有利于生长及花芽分化、增进果实色泽，提高品质。而枝叶过密阳光不足，养分积累少、难于成花。花期日照时数宜多但不宜强，日照过强、天气干燥、蒸发量大，花药易枯干，同时花蜜浓度大、影响授粉受精。此外，花期阴雨连绵，光合效能低，营养失去平衡，会导致大量落果。

（六）风

风有调节气温的作用。花期晴天湿度低，风力有助于传粉授粉，花期忌吹西北风和南风。西北风干燥、易致柱头干枯，影响授粉；南风潮湿闷热，容易引起落花。果实发育期间最忌大风和台风，易引起大量落果，严重者破坏树形、枝折倒树，造成严重损失，因此建园时应注意选择园地和设置防风林。

四、生态适宜区域分布

（一）国际分布

主要分布于东南亚各国，如泰国、斯里兰卡、马来西亚、印度尼西亚、新加坡、菲律宾。美国夏威夷和澳大利亚也有栽培。

（二）国内分布

国内主要分布于海南的保亭、陵水、万宁、琼中、屯昌、五指山、三亚、乐东、儋州、琼海等市县，云南和台湾也有少量种植。

第四章

主栽品种

一、分类

红毛丹有红果和黄果两类。海南栽培品种主要有'保研2号''保研4号''保研5号''保研6号'及'保研7号'。'保研2号'为黄色椭圆形，'保研4号'为红色椭圆形，'保研5号'和'保研7号'为红色圆形，'保研7号'丰产性最好，一年可以结果2次以上。

二、主要品种

（一）早熟品种（成熟期在6月下旬至7月下旬）

'保研2号'（BR2）：该品种树冠中等，树冠圆头形、疏朗，分枝较少，枝条粗壮，枝脆，果实近圆形、果肩平、果形指数1.06～1.17、单果重49.9 g；刺毛较短、细而疏、果皮薄、果肉厚而实，果肉比高达58.2%；肉色蜡黄色、透明，肉质爽脆而甜、汁少，总糖16.0%。肉核自然分离，吃时果肉附带一些种皮，种子扁圆形成熟期较早，为6月下旬至7月下旬。该品种产量中等，品质优良、宜于鲜食，深受消费者喜爱，同时较抗寒。缺点是果皮薄，不耐储运（图4-1，图4-2）。

图4-1　'保研2号'（周兆禧　摄）

图4-2 '保研2号'挂果（周兆禧 摄）

'保研6号'（BR6）：该品种树冠圆头形，高大疏朗张
开，枝条粗壮。果实红色，扁圆形、单果重38.4 g，刺毛粗短而
疏，果皮较厚，果肉厚、蜡黄色、半透明、肉质爽脆、甜而多
汁、有香味，肉核分离，种子近长方形。成熟期为6月下旬，为
早熟品种，该品种果实肉厚圆、脆而多汁、香甜可口，果实成熟
后树上保鲜时间长，可加速繁育，大面积推广（图4-3）。

图4-3 '保研6号'（周兆禧 摄）

　　'保研7号'（BR7）：树高大，树冠圆头形，枝条紧凑分枝较均匀，花芽分化较易，一年内可多次开花结果，果实红色、近圆形，果大，单果重44 g；刺毛短而疏，果皮厚，肉厚、肉色蜡黄色、半透明、甜脆多汁、有香味，肉核分离，种子近圆形。成熟期为6月中下旬至12月，为早熟品种。20年树龄产果可达100～125 kg。该树高产稳产，果大肉厚、甜脆多汁、有特别香味，可加速繁殖推广（图4-4）。

图4-4　'保研7号'（周兆禧　摄）

　　'保研8号'（BR-8）：选自海南省保亭热带作物研究所四队实生树单株。该树高大，树冠紧凑，圆头形。果实红色、近圆形、果大、单果重45.8 g，刺毛细长、密度中等，皮薄而肉厚，果肉蜡黄色、半透明、脆软多汁、甜中略微带酸，肉核分离不太干净，种子近长方形。成熟期为6月下旬至7月下旬，为早熟品种。该品种高产，20多年树龄产量可达125～150 kg。

　　'保研9号'（红鹦鹉）：该树树体高大，树冠张开，圆头形，枝条疏朗。果实红色、长圆形、果肩一侧突起形似鹦鹉嘴，果长5.0 cm，果形指数1.31，单果重42.3 g，刺毛细短而疏，皮较薄，肉色蜡黄色，肉厚甜多汁、脆软有香味，肉核分离，种子倒卵形。成熟期为6月下旬至7月下旬。20多年树龄，产量高达75~100 kg，该品种果实形态独特，品质较好，可适当推广。

（二）中熟品种（成熟期为7月上旬至8月上旬）

'保研4号'（BR4）：该品种树势中等，树冠大小中等，矮伞形，分枝多而密，枝条粗壮，分布均匀，果实红色、长圆形、果肩较平，果实中等大小，果形指数1.44~1.7，单果重39.2 g，刺毛长细而密，果皮厚，肉厚，果肉比为43.4%~45.7%，肉质蜡黄色、肉质脆软，清甜而带微酸，含糖量为18%，肉核分离，种子长卵形，成熟期为7月上旬至8月上旬，为中熟品种。该品种特点是高产优质，果实成熟后红树上保鲜时间长，耐储运，适合大面积推广种植（图4-5）。

图4-5　'保研4号'（周兆禧　摄）

'保研10号'：该品种树势中等，树冠矮伞形。果实红色，扁圆形，果长5.2 cm、宽4.3 cm，果形指数为1.21，单果重39.5 g，刺毛长细而疏，果皮较厚，果肉蜡黄色、肉厚、甜脆多汁、肉核分离，种子扁长方形，成熟期为7月上旬至8月上旬，为中熟品种，特点是肉特别厚，种子自然分离。

'保研11号'（红丁香）：该品种树势中等，树冠矮伞形，枝条细、分枝较多。果实红色近圆形，果实较小，单果重27.5 g，刺毛细短而密，果皮较薄，果肉蜡黄色、肉厚中等，甜略带微酸，有香味，种子近长方形，成熟期为7月上旬至8月上旬。主要优点是果肉味美香甜，产量较高。

'保研12号'：该品种树体高大，枝条疏朗粗壮，树冠圆头形。果实红色、扁圆形、果长5.32 cm、宽4.03 cm，果形指数1.32，果重36.9 g，刺毛长细而密，果皮较厚，果肉蜡黄色、厚度中等、清甜脆爽汁少，肉核分离，种子倒卵形。成熟期为7月上旬至8月中旬，为中熟品种。

（三）晚熟品种（成熟期在7月下旬至8月中旬）

'保研1号'（BR1）：从20世纪60年代种植的实生树群体中选出，属晚熟品种。该品种树冠圆头形，分枝多而均匀，枝条浓密。果实红色，长圆形，果形指数1.25～1.54，单果重37.4 g，刺毛长而细密，果皮较厚，肉敦厚而实，果肉比41.2%，肉色蜡黄色、半透明，肉质爽脆而甜，总糖18.9%，肉核分离；种子扁长卵形、顶端尖。成熟期为7月下旬至8月中旬。该品种质优高产、较耐储运。但有大小年现象，耐寒性差。

'保研3号'（BR3）：该种树势中等，树冠矮伞形、果实红色长圆形、果肩尖，果形指数1.61，果实较小，果重平均32.1 g；刺毛长而细密，果皮较厚；果肉较厚，果肉比42.3%，肉色蜡色，肉质甜至酸甜，软，半离核；种子扁长卵形、产量中等；成熟期为7月中旬至8月中旬。

'保研5号'（BR5）：该品种树势中等，树冠疏朗，分枝疏而均匀。果实红色，近圆形，果肩平长，果形指数1.07～1.36，果实果重43 g，刺毛长粗而密，果皮厚，肉厚，果肉比42.3%，肉色蜡黄色，肉质甜脆而略带软，含糖量19.2%，肉核自然分离，种子扁方形，该品种产量中等，大小年不明显，成熟期为7月中旬至8月中旬（图4-6）。

图4-6 '保研5号'（周兆禧 摄）

第五章

种苗繁育

红毛丹种苗繁育可以分为有性繁殖和无性繁殖两种，有性繁殖是直接用种子播种后的种苗（又称实生苗繁殖），无性繁殖又分为嫁接苗繁殖和高空压繁殖（又称圈枝育苗）等。

一、实生苗繁殖

（一）实生苗概念

红毛丹实生苗是直接由红毛丹种子播种繁殖的苗木。

（二）繁育技术

1. 种子选择

选择需要种植的优良品种种子，一般当果实充分成熟后作为种源，选择果实质量好、营养充分、无病虫害的果实种子，果实成熟后最好现采现播种，这样发芽率高。

随着果实储藏时间增加，种子发芽率逐渐降低。常温储藏和低温储藏下种子发芽率整体趋势随着储藏天数增加逐渐降低，低温储藏的种子发芽势随着储藏天数的增加逐渐降低。由此，红毛丹种子育苗时应该果实成熟后现采现播。

2. 种子清洗

选好种果后把剥出的种子放入清水中，人工搓洗去除种子上的糖分，残留在种子上的果肉也需清洗干净，因为残留的果肉和糖分易招引蚂蚁或其他地下害虫啃食种子和幼芽。一般要换水反复搓洗2～3遍，以洗干净为准。

3. 沙床催芽

沙床建于房前屋后有遮阴、忌积水、便于管理的地方，沙床高15~20 cm，宽1.2 m左右，用粗河沙填满沙床。播种催芽时在晴天和雨天都可以进行，芽眼朝下，摆放在沙床上并按紧压实，这样有利于种子发芽，播种整齐，种子间留一定间隔。播种后在上面铺一层2 cm厚的沙，将沙床淋透水，保湿增温，覆盖遮阳网，避免强光。待水气稍干时，用80.0%敌百虫可溶性粉剂800~1 000倍稀液，给沙床喷药一次，可以杀灭蚂蚁，或者其他地下害虫，预防它们啃食和为害种子。

4.移袋培育

催芽时间大致15~20 d，当种芽长到5~10 cm，第一对心叶未张开前，要及时准备移入袋中培育，直到种苗出圃。

（三）实生苗评价

优点：实生苗根系发达；实生苗种植后成活率高，且株性有雌雄同株和雌雄异株。

缺点：实生苗变异大，导致后期果实品质良莠不齐；实生苗种植后果树童期较长，结果较慢，一般要8年以后才能结果；实生苗株性复杂，存在一定比例的"公树"而不结果（图5-1）。

图5-1　红毛丹实生苗繁育（周兆禧）

二、嫁接苗繁殖

（一）嫁接时间

红毛丹种苗嫁接时间要选择在适宜的气候条件下，忌讳在高温多雨或者低温季节进行嫁接，在海南主产区保亭县一般在每年的12月中旬至翌年4月，温度大于18℃的晴天进行嫁接，有利于提高嫁接成活率。

（二）砧木选种

选择适宜本地种植的、抗性强、与接穗品种亲和力好的红毛丹品种（系）作为砧木苗，一般当果实成熟后现采现播种发芽率高，随着果实储藏时间增加，种子发芽率逐渐降低。选果实质量好，营养充分，无病虫害的果实种子作为砧木种子，种子处理等技术和实生苗繁育种子处理方法一样。

（三）接穗选择

待育好砧木实生苗后，选择需要嫁接的红毛丹主栽品种或新品种的枝条作为接穗，选择已过童期进入结果期的半木质化的枝条，品种纯、无病虫害、芽眼多且饱满、粗度和砧木相对一致。接穗不宜久储，最好取接穗后立即进行嫁接，如果需要短期保存，可用湿毛巾等包装保湿短期存放于凉爽的环境，保存时间长影响嫁接成活。

（四）嫁接方法

红毛丹嫁接一般分为枝接和芽接两种。

1. 枝接

红毛丹的枝接通常采用切接法和劈接法。

（1）切接法

适用范围：适用于砧木小，砧木直径1～2 cm时的嫁接。

采接穗：先选长度7 cm左右，具有2～3个饱满芽眼的接穗，最好接穗粗度与砧木相当。

削砧木：砧木离地面20 cm左右以内截断（具体根据砧木及嫁接口高低而定，一般第一次嫁接口可适当提高，以便嫁接不成活时进行补接），截面要光滑平整。选择砧木光滑顺直的一侧，用刀在切口下端由下而上斜削（约45°角），斜削面和接穗斜削面相当，斜削面必须快而平滑。

削接穗：在接穗的下端，接芽背面一侧，用刀削成削面2～3 cm、深达木质部1/3的平直光滑斜面，在其下端相对的另一侧面削成45°角、长约1 cm的斜面，略带木质部，斜削面必须快而平滑。

插接穗：将接穗基部的斜削面和砧木斜削面对接对准，必须形成层对准。

绑扎带：接穗和砧木对准后用嫁接膜绑扎固定，将嫁接部位与接穗包裹紧而密封。

整个嫁接过程突出：平、准、快和紧的特点。

（2）劈接法

适用范围：适用于较粗砧木的嫁接，尤其是高接换冠，从砧木断面垂直劈开，在劈口两端插入接穗，其他操作技术要点和切接法相同，此方法的优点是嫁接后结合牢固，可供嫁接时间长；缺点是伤口太大，愈合慢。

2. 芽接

芽接，是从枝上削取一芽，略带或不带木质部，插入砧木上的切口中，并予绑扎，使之密接愈合。

选好芽片：选取枝条中段充实饱满的芽作接芽，上端的嫩芽和下端的隐芽都不宜采用。芽片大小要适宜，芽片过小，与砧木的接触面小，接后难成活；芽片过大，插入砧木切口时容易折伤，造成接触不良，成活率低。削取芽片时应带少量木质部。接芽一般削成盾形或环块形，盾形接芽长1.5～2 cm；环块形接芽大小视砧木及接芽枝粗细灵活掌握。

芽接方法：嫁接时，先处理砧木，后削接芽，接芽随采随接，以免接芽失水影响成活。采用"T"形芽接，先在砧木离地面10 cm左右处切"T"形口，深度以见木质部，能剥开树皮即可；再用刀尖小心剥开砧木树皮，将盾形带叶柄的接芽快速嵌入，用宽1 cm的塑料带绑紧，只露出芽和叶柄，包扎宽度以超过切口上下1～1.5 cm为宜。

接后管理：芽接后30～40 d检查成活情况，如芽片新鲜呈浅绿色，叶柄一触即落，说明已经成活，否则没有成活，应在砧木背面重接。嫁接成活后在芽接点以上18～20 cm处截干，解开绑扎物。剪去砧木发出的枝条。

（五）嫁接后管理

1. 检测成活

嫁接接后7～15 d即可检查成活情况，凡接穗上的芽已经萌发生长或仍保持新鲜的即已成活。接芽上有叶柄的很容易检查，只要用手轻轻碰叶柄，叶柄一触即落的，表示已成活。这是因为叶柄产生离层的缘故，若叶柄干枯不落的为未成活。

2. 补接

对于嫁接后接穗未成活的植株，需要及时补接，补接植株进一步集中管理。

3. 解除绑物

当接穗已嫁接成活，接穗新芽长到2～3 cm时，愈合已牢固时即可全部解除绑缚物，以免接穗发育受到抑制，影响其生长。但解除绑缚物的时间也不宜过早，以防因其愈合不牢而自行裂开死亡。

4. 水肥管理

嫁接后15～20 d内一般不淋水，如果天气太干旱，苗圃地土壤太干，砧木苗可以适当淋水，一周后再嫁接。当接穗开始萌芽后要及时淋水，促进芽的生长。

嫁接后当第一蓬叶稳定后，每隔7～10 d施一次水肥，薄施勤施，水肥以复合肥为主，浓度在0.2%左右。当苗木第二蓬叶稳定后，可根据种苗出圃标准方可出圃定植，定植前半个月要打开遮阳网并进行练苗。

（六）嫁接苗评价

1. 优点

生产上推荐采用嫁接苗种植。第一，红毛丹嫁接苗保持了应栽品种的纯正性；第二，嫁接苗结果早，缩短了果树童期；第三，嫁接苗和实生苗一样具有主根且根系发达；第四，嫁接苗地下部分抗逆性强。

2. 缺点

第一，不同砧木与不用品种间嫁接后果实品质有差异；第二，不同砧木与不用品种间亲和性各异。

三、高空压繁殖

高空压繁殖法是无性繁殖的一种，一般称为圈枝育苗，通常按照以下操作程序。

（一）繁殖时间

在海南红毛丹主产区一般一年四季都可以进行高空压繁殖，在3—5月较好，这个时期红毛丹逐渐进入旺盛生长，雨水逐渐增多，易剥皮，圈枝后长根快，成活率高。

（二）枝条选择

对于圈枝繁殖的枝条选择，一是选品种，选择果实品质优良、丰产稳产、长势健壮而旺盛的结果树；二是选枝龄，选择2～3年的枝，枝形好，生长平直，生长健壮，枝皮光滑，无寄生物及病虫害；三是选枝数量要适中，同一母树不易圈枝太多，选择太多不仅影响到母树的树冠，还影响的母株的生长发育。

（三）环状剥皮

在已选枝条上，距离下部分枝7～8 cm，适宜包裹基质的部位环割两刀，环割两刀间隔3 cm左右，深度达木质部，环状两刀间纵切一刀，将其环割间的皮剥除。

（四）生根基质

生根基质：凡是能通气、保湿的材料都可以作生根基质，但常为就地取材，用椰糠、木糠、有机肥、园土、生根粉、水等一定比例的混配后待用。一般采用椰糠、木糠和肥沃园土1∶2加水混匀，用手掌紧抓基质，指间有少量水分渗出即可。

包裹要点：将预先制备好的生根基质用塑料膜包裹，长40～50 cm，宽约30 cm，具体根据所选压条枝的大小而定，包扎的塑料绳等。包裹时先将薄膜一端扎紧于环剥口之下，绑扎成喇叭状，往里填充生根基质，边填充边压实，直到环剥口之上，并扎紧上端即可。为了促进早发根、多长根，包扎前一般在环剥上口涂抹生根粉，使用吲哚丁酸、吲哚乙酸、萘乙酸等，具体浓度按照说明使用。

（五）剪离母株

包裹生根基质后每隔一定时间要观察生根情况，一般80～100 d薄膜包裹的基质内可以看到所长出的根系，当根系多而密布时可把枝条从母树上剪下，落圈枝苗时，从包裹生根基质的下方把枝条连基质团剪下，随后剪去大部分枝叶，仅留数条主枝及少量叶片，解开薄膜进行假植，从而完成了整个圈枝苗的繁殖。

（六）高空压条苗的评价

1. 优点

高空压条苗繁育方法简易，成活快，结果早；种苗结果后保持与母树优良性状。

2. 缺点

高空压条苗对树体伤害大，繁殖系数低；高空压条苗没有主根，抗风能力差。

四、苗木出圃

一般红毛丹种苗出圃要达到以下要求：一是种苗嫁接口要充分愈合，并且接穗要新长出一蓬以上的新梢；二是种苗生长健壮无病虫害；三是种苗品种纯度要高；四是红毛丹根系发达（图5-2）。

图5-2　红毛丹出圃苗（周兆禧　摄）

第六章

栽培管理

一、建园选址

（一）园地选择

园地选择在红毛丹优势适宜区，地势较好，坡度小于25°的山坡地、缓坡地或平地。以土层深厚、有机质含量较高、排水性和通气性良好的壤土为宜，土壤pH值为5.5～6.5，地下水位应离地面1 m以下，远离工业区或污染源，避开风口。

（二）果园规划

1. 作业区划

种植规模较大的果园可建立若干个作业区。作业区的建立依地形、地势、品种的对口配置和作业方便而定，一般333 350～666 700 m^{2}为一个作业大区（500～1 000亩），133 400～2 002 100 m^2（200～300亩）为一个作业中区，13 334～16 675 m^{2}为一个作业小区（20～25亩）。

2. 灌溉系统

具有自流灌溉条件的果园，应开主灌沟、支灌沟和小灌沟。这些灌沟一般修建在道路两侧，地形地势复杂的果园自流灌沟依地形地势修建。没有自流灌溉条件的果园，设置水泵、主管道和喷水管（或软胶塑管）进行自动喷灌或人工移动软胶塑管浇水。

3. 排水系统

山坡地果园的排水系统主要有等高防洪沟、纵排水沟和等高横排水沟。在果园外围与农田交界处，特别是果园上方开等高防洪沟。纵排水沟，应尽量利用天然的汇水沟作纵排水沟，或在道路两侧挖排水沟。等高排水沟，一般在横路的内侧和梯田内侧开沟。平地果园的排水系统，一般在果园周边和园区内。

4. 道路系统

果园道路系统主要是为了运营管理过程中交通运输所用，可根据果园规模大小而设计道路系统，一般分为主路、支路等，主路一般5~6 m，支路2~4 m。

5. 防风系统

国内的红毛丹主产区海南每年7—10月是台风高发期，果园种植规划中一是要考虑避开风口，二是要人工建造防风林。防风林可以降低风速减少风害，增加空气温度和相对湿度，促进提早萌芽和有利于授粉媒介的活动。在没有建立起农田防风林网的地区建园，都应在建园之前营造防风林。园地四周可以龙眼、榴莲蜜、蛋黄果等抗风较强的果树作为防护林果带，所用防风林果树不应与红毛丹具有相同的主要病虫害。

6. 辅助设施

大型果园应建设办公室、值班室、宿舍、农具室、包装房、仓库等辅助设施，辅助设施建设占地面积一般控制在5%以内，建设情况根据地方政府相关规定实施，以免造成不必要的损失。

（三）开垦及种植前准备

1. 全区整地

坡度小于5°的缓坡地修筑沟埂梯田，大于5°的丘陵山坡地宜修筑等高环山行。一般环山行面宽不低于2.5 m，考虑小型机械化作业可以在4.0 m左右，根据坡地和丘陵地形而定。

2. 定标挖穴

根据园地环境条件、品种特性和栽培管理条件等因素确定种植密度。一般定植株行距为（4~5）m×（5~6）m，每亩种植22~33株。推荐采用矮化密植。按标定的株行距挖穴，穴面大小（宽×深×底宽）为80 cm×70 cm×60 cm。种植前一个月，每穴施腐熟有机肥15~25 kg，过磷酸钙0.5 kg。基肥与表土拌匀后回满穴呈馒头状。

二、栽植技术

（一）栽培模式

1. 矮化密植抗风栽培模式

传统栽培模式是以追求单株树型高大，产量多为主，栽培较稀，株行距一般都在7 m以上，每亩种植13~22株，树高5 m以上。这一栽培模式，一是不抗风，我国的红毛丹主产区海南每年7—10月是台风高发期，容易受台风危害；二是管理过程中劳动力成本过高，主要表现在摘果、修剪、喷药等劳动效率低下，再加之劳动力成本较高，增加了生产成本，且不便于田间操作。

采用矮化密植抗风栽培模式，一般株行距在4 m×5 m左右，每亩栽植30株以上，树冠矮化，植株即抗风，日常管理成本低且管理方便。

2. 间作栽培模式

一是红毛丹间作短期作物，如在幼龄红毛丹园，可间种花生、绿豆、大豆等作物或者在果园长期种植无刺含羞草、柱花草作活覆盖。在树盘覆盖树叶、青草、绿肥等，每年2~3次；同时可以间作蔬菜，如大蒜、韭菜等。二是红毛丹间作或者混作长期作物，如间作槟榔，混作榴莲、山竹等。

图6-1　红毛丹间作山竹
（周兆禧　摄）

图6-2　红毛丹混作榴莲
（周兆禧　摄）

（二）栽植要点

海南一般一年四季均可种植红毛丹，但推荐优先春植、秋植。具有灌溉条件的6—9月种植，没有灌溉条件的果园应在雨季定植。

定植时将红毛丹苗置于穴中间，然后将育苗袋解开，切忌把育苗袋埋入穴内，应集中收集处理。

1. 平齐

平齐是指定植时根茎结合部与地面平齐，或稍微高于地面，避免太低而积水，太高而造成根系裸露。

2. 扶正

扶正是定植时将种苗扶正，保持与地面保持垂直，以便植株生长发育。

3. 填土

基肥与土壤充分混匀后，将种苗放入种植穴中央，在扶正的条件下陆续回填土壤，填土时切忌边回填土边踩压，防止土球被踩踏散造成根系伤害。

4.树盘

当土壤回填满种植穴后，在树苗周围做成直径0.8～1.0 m的树盘。树盘的作用：一是确保浇定根水时将水集中到根系部位，根系容易吸收；二是下雨时自然收集到雨水；三是保护根系。

5.定根水

定植后，修好树盘，及时淋透定根水。定根水的作用：一是及时给植株提供水分；二是定根水能让土壤与植株根系充分结合，避免造成根毛悬空于土壤颗粒空隙之间，从而造成植株缺水而死。定根水的用量一般为每株15～30 kg，根据具体土壤条件而定。

定植后利用稻草、秸秆、杂草等或者地布对树盘进行覆盖，树盘覆盖可以对树盘土壤进行保水，防止暴晒导致的土壤板结。

三、幼树管理

（一）培养早结丰产树型

幼龄树主干生长到高50 cm左右时摘顶，以促生侧枝，选留3～4条分布均匀、生长健壮的分枝作一级主枝，当一级主枝各长到30～50 cm时摘顶，并分期逐次培养各二级分枝，使形成一个枝序分布均匀合理、通风透光良好的矮化半球形树冠或自然圆头形树冠。

（二）提高水肥利用效率

1.定植前重施基肥

定植前重施基肥，定植前一个月挖穴，每穴施腐熟有机肥（羊粪、牛粪、猪粪、鸡粪等）15～25 kg，过磷酸钙0.5 kg。基肥与表土拌匀后回满穴呈馒头状。商品性有机肥根据肥料及园地情况适当增减。

2.幼树勤施薄施肥

（1）常规施肥方式

当植株抽生第二次新梢时开始施肥。全年施肥3~5次，以氮肥为主，适当混施磷肥、钾肥。施肥位置：第一年距离树基部约15 cm处，第二年以后在树冠滴水线处。前3年施用氮磷钾三元复合肥（15：15：15）或相当的复合肥，第四年开始投产，改施硫酸镁三元复合肥（12：12：17）或相当的复合肥。一般采取"一梢两肥"或"一梢三肥"，即枝梢顶芽冒出时开始施一肥，以氮肥为主的速效肥，促进嫩梢嫩叶速效展开，当新梢基本停止生长后，叶片转绿时开始施第二次肥，促进枝梢老熟，积累营养，也可以根据树势，当枝梢转绿之后施第三次肥。1~4龄树推荐复合肥施肥量分别为0.5 kg/（年·株）、1.0 kg/（年·株）、1.5 kg/（年·株）、2.0 kg/（年·株），管理得好一般种植后第三年就实现试结果，有少量产量。

（2）水肥一体化施肥方式

幼龄红毛丹（1~3年）施肥目的主要是促进快速生长，形成早结丰产的树型，一般此期施肥需重施高氮复合肥，推荐三要素养分施肥比例为N：P_2O_5：K_2O=1.0：1.0：0.4，采用水肥一体化施肥，施肥频次以气候和植株长势而定，在干旱季节需要勤施，7~10 d施水肥一次，在雨季施肥频次可适当调整。

（三）园区土壤生草覆盖

果园生草覆盖技术是果园种草或原有的杂草让其生长，定期进行割草粉碎还田。果园生草覆盖（图6-3）有以下优点：一是防止或减少果园水土流失；二是改良土壤，提高土壤肥力，果园生草并适时翻埋入土，可提高土壤有机质，增加土壤养分，为果树根系生长创造一个养分丰富、疏松多孔的根层环境；三是促进果园生态平衡；四是优化果园小气候；五是抑制杂草生长；六是促进观光农业发展，实施生态栽培；七是减少使用各类化学除草剂所带来的污染。果园主要采取间套种绿肥或者果园生草以增加地面覆盖，树盘覆盖，一般选择的绿肥品种为假花生、绿豆、黄豆和柱花草等作物，另外，果树植株的落叶也可以当作覆盖材料。

图6-3　红毛丹生草覆盖（周兆禧　摄）

四、结果树管理

（一）肥水管理

1. 施肥时期及施肥量

红毛丹成年树即结果树在一年的生长发育期有3个阶段对需肥量较为敏感。

第一阶段是开花期，这一时期红毛丹主要由营养生长过渡到生殖生长，主要是花芽分化和开花，开花整齐度，授粉受精情况直接影响后期坐果率，这一时施肥叫促花肥。在11月至翌年3月中旬开花前施用，推荐施肥量为沤熟水肥或人畜粪水15 kg+三元复合肥0.2 kg/株，充分拌匀，沿树冠滴水线四周挖沟淋施，随后覆土。这一时期也要适时喷施叶片肥。

第二阶段是果实膨大期，这一时期尤其果实迅速膨大，对中微量营养元素的需求较为敏感，这一时期施肥叫壮果肥。以氮肥、钾肥为主，开花后至第二次生理落果前施用，土施肥推荐每株（N：P：K=15：15：15）0.5 kg。叶面喷施时推荐施肥量为0.3%磷酸二氢钾+0.5%尿素，叶面喷施2~3次，每次喷施量为直到树冠或叶片滴水。于晴天16：00后至傍晚进行。

第三阶段是采果前后，这一阶段果树由于果实采收后，对树体营养流失较大，需要及时补充营养恢复树势以备第二年结果，这一时期施肥较采果肥。早熟品种、长势旺盛或结果少的树在采果后1~2周施用，反之在采果前一个月施用。6—8月结合深压青进行，每株推荐施肥量为农家肥或商品性有机肥（25~40）kg+氮磷钾三元复合肥（15：15：15）0.5 kg。

2. 施肥方式

（1）土壤施肥

土壤施肥是将肥料施在根系生长分布范围内，便于根系吸收，最大限度地发挥肥料效能。土壤施肥应注意与灌水结合，特别是干旱条件下，施肥后尽量及时灌水，或者在将要下雨时施肥。红毛丹常用的施肥方法有以下几种。

环状沟施法：在树冠外围稍远处即根系集中区外围，挖环状沟施肥，然后覆土。环状沟施肥一般多用于幼树（图6-4）。

条状沟施法：在红毛丹果树行间、株间或隔行挖沟施肥后覆土，也可结合深翻土地进行。挖施肥沟的方向和深度尽量与根系分布变化趋势相吻合（图6-5）。

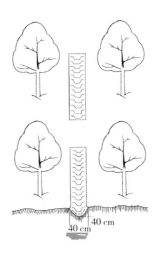

图6-4 环状沟施肥法
（刘咲頔 手绘）

图6-5 条状沟施肥法
（刘咲頔 手绘）

放射状沟施肥法：以树干基部为中心，呈放射状向四周挖多条（4～6条或更多）沟。沟外端略超出树冠投影的外缘，沟宽30～70 cm，沟深一般达根系集中层，树干端深30 cm，外端深60 cm，施肥覆土。隔年或隔次更换施肥沟位置，扩大施肥面积（图6-6）。

穴状施肥法：在树干外50 cm至树冠投影边缘的树盘里，挖星散分布的6～12个深约50 cm、直径30 cm的坑穴，把肥料埋入即可。这种方法可将肥料施到较深处，伤根少，有利于吸收，且适合施用液体肥料（图6-7）。

全园撒施法：将肥料均匀地撒在土壤表面，再翻入深20 cm

的土中，也有的撒施后立即浇水或锄划地表。成年果树或密植果园，根系几乎布满全园时多用此法。该法施肥深度较浅，有可能导致根系上翻，降低果树抗逆性。若将此法与放射状沟施法隔年交替应用，可互补不足。各地还有围绕树盘多点穴施等施肥形式，作为撒施和沟施的补充方法。

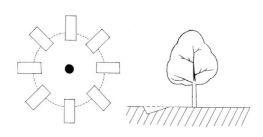

图6-6　放射状沟施肥法（刘咲頔　手绘）

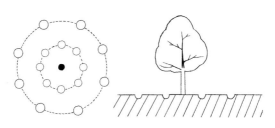

图6-7　穴状施肥法（刘咲頔　手绘）

（2）水肥一体化技术

红毛丹水肥一体化技术，指灌溉与施肥融为一体的农业新技术。水肥一体化技术是借助压力系统（或地形自然落差），将可溶性固体或液体肥料，根据土壤养分含量和作物种类的需肥规律和特点，配兑成的肥液与灌溉水一起，通过可控管道系统供水、供肥，使水肥相融后，通过管道和滴头形成滴灌，施入红毛丹根系发育生长区域。对一些中微量营养元素或者液体有机肥等最适宜采用水肥一体化技术。其特点是可控、节水，肥随水走，供肥较快，肥力均匀，对根系损伤小，肥料利用率高，节省劳动力，增产增效，水肥一体化技术成为了现代果园象征之一。

以'保研7号'为例，采用滴灌增施镁肥和常规施肥（不施镁，CK）对红毛丹产质量及经济效益的影响，结果表明，滴灌施镁红毛丹'保研7号'的产量为9 736.7 kg/hm^2，较常规施肥增产10.1%与对照相比：红毛丹叶片中的镁和氮含量显著提高，果实营养品质得到改善；可溶性固形物含量增加2.1%，维生素C提高5.0%，固酸比提高16.1%，可滴定酸降低0.016%；纯收益增加13 994元/hm^2，提高19.6%。滴灌施镁可提高红毛丹产质量及经济效益。

（3）根外追肥

根外追肥又称叶面施肥，是将水溶性肥料或生物性物质的低浓度溶液喷洒在生长中的作物跟外，枝、叶果等部位上的一种施肥方法。红毛丹的枝、叶和果等部位都有不同程度的吸肥能力，而叶面喷施见效快、效果好的特点。红毛丹叶片吸收是通过气孔、细胞间隙、细胞膜进行，气孔及细胞间隙多、细胞膜薄、组织幼嫩的吸收率高。

3.红毛丹施用叶面肥注意事项

（1）时间

喷施时间应在早晨露水干后，或者下午至傍晚避开太阳暴晒的时间，另外在红毛丹生长发育过程中，开花期和果树迅速膨大期多喷施中微量营养元素的肥料。

（2）温度

温度高时，喷雾在叶面的肥液干得快，影响养分的吸收效果，避开12：00—15：00太阳暴晒时喷施。

（3）叶龄或部位

幼嫩叶片生理机能旺盛，一般幼嫩叶单位面积气孔数量比老叶多，角质层薄，有利于吸收；同龄的叶片背面要比叶片表明易吸收。因此，喷施时以幼嫩叶片和叶片背面为主。

（4）肥料种类

不同液体肥，其渗入速度不同，对植物吸收量也不同，阳离子进入多，阴离子进入少，其原因是细胞壁本身带负电荷。对于红毛丹在开花期，多选富含硼元素的叶面肥喷施有利于红毛丹花粉管萌发和授粉受精，在果实膨大期多选富含钙、镁等中微量营养元素的叶面肥。

（5）喷施浓度

科学掌握叶面肥的喷施浓度十分重要，浓度过高，造成肥害，而且微量元素如浓度过高还可能造成毒害；而浓度过低，则肥效不明显。磷酸二氢钾常用的喷施浓度为0.3%左右，硼砂（或硼酸）常用的喷施浓度为0.2%～0.3%，尿素0.3%～0.5%，具体根据肥料类型、树势和天气而定。

（二）树体管理

1. 修剪作用

红毛丹的修剪作用主要是调节整体植株与环境的关系，利用提高有效叶面积指数，调节光照，提高光合效能，调节营养生长和生殖生长的关系，同时协助病虫害防控。具体修剪作用如下。

（1）通过修剪调节光照

红毛丹属于喜光的典型热带果树，在一定程度上，产量与有效叶面积大小成正比，通过对树冠的修剪，改善树冠结构，也改善了通风透光条件，使得单位面积上尽可能多的叶片产生光合作用从而增加营养物质的积累。

（2）通过修剪调节水分

对于隐蔽的果园，通过修剪可以改善果园微环境，调节树体蒸腾情况。

（3）通过修剪协助病虫害防控

对于红毛丹荫蔽，通风透气差的果园，一般病虫害也相对严重，而通过修剪，改善果园环境，使果园通风透气，减少害虫的栖息场所，一定程度上促进了病虫害防控。

（4）通过修剪调节树体平衡

通过修剪调节地上部分与地下部分的平衡，地上部分生殖生长和营养生长的关系，另外通过修剪促进树体整齐的萌发新梢及开花结果，便于生产管理。

2. 修剪时期

结果树修剪时间分秋剪和冬剪。秋剪在采果后一个月内进行，冬剪在冬末春初新梢萌发前或抽花蕾前进行。幼龄结果树宜少剪多留，一般只剪除叶片已丧失光合能力的枝、贴近地面的下垂枝和少数过密的枝，一般剪除的枝梢不超过整株树枝梢的10%。成年盛产期结果树宜较重的修剪，一般剪除枝梢的20%～30%。老年结果树视枝梢生长情况而定，枝梢多而弱，宜重剪；枝梢少而弱，宜轻剪。结果多、树势弱、叶色黄绿的树，采果后不宜马上修剪，需待施肥后，叶色转绿，树势稍恢复时才能修剪。修剪通常是剪除过密枝、弱枝、重叠枝、下垂枝、病虫害枝及枝干不定芽长出的枝。结果树的修剪原则要控上促下，保持丰产高效树型。

3.修剪方法

红毛丹采果后的修剪方法一般主要有回缩修剪和疏剪。

（1）回缩修剪

回缩修剪也叫断截，又分为重度回缩（断截）和轻度回缩（断截），一般在幼树树形培养和成年树果实采收后采用此方法。当枝梢抽出2～3蓬叶且稳定后，在木栓化部分进行回缩修剪，保留枝梢30～40 cm。剪除枝梢一部分，其作用是：促进抽新梢，增加结果枝；缩短根叶距离，加快水分和养分上下流动；改变部分枝梢的顶端优势，调节枝条间平衡关系；有利于枝条的更新复壮。红毛丹果实采收后一般都要对已结果的枝梢进行回缩修剪，促进萌发新梢，培养下一年的结果枝。

（2）疏剪

疏剪又叫疏除，即从基部疏除，其作用是减少分枝，改善光照条件。以便用于剪去密生枝、重叠枝或者严重病虫害枝，对于大的枝梢疏剪后注意伤口的保护，防止大面积干枯或伤口病害感染。

（三）花果管理

1.催花保果

红毛丹有单性花和两性花，两性花株坐果率最高，雄株则不结果。但一般在果园中有1～2棵雄株作授粉树，可以提高坐果率。

催花：在花芽分化期，叶面喷施40%乙烯利300 mg/L或萘乙酸钠液15～20 mg/L，促进开花，根据温度条件调整溶液浓度和喷施次数。用激素催花务必谨慎。生产上通常调控水肥催花控花。

辅助授粉：一是适当配置授粉树，二是盛花期放蜂（图

6-8）、人工辅助授粉、雨后摇花，高温干燥天气喷水等措施创造易授粉条件。

图6-8 红毛丹果园盛花期放蜂授粉（周兆禧 摄）

保果：推荐施用赤霉素50～70 mg/L，叶面和果穗喷施，谢花后喷施第一次，20 d后喷施第二次，以保果壮果。

2. 疏花疏果

红毛丹在花期如出现降雨，常出现花序"冲梢"现象，只要在冲梢初期摘去嫩叶嫩梢，就可消除冲梢。一般在花穗抽生10～15 cm，花蕾未开放时进行。疏花穗数量应视树的长势、树龄、品种、花穗数，施肥和管理情况而定。疏果在第一次生理落果后，第二次生理落果前半个月至一个月进行。红毛丹的自然坐果率达到34%～67%，成果率1.0%～2.4%。应根据树势、结果量来疏花果，一般每枝花序留8～15个果。

（四）土壤管理

红毛丹果园的土壤管理主要包括深翻熟化、加厚土层、增加有机质，其目的是改善土壤理化性状、提高肥力，为根系生长创造良好环境，而扩穴改土培肥是果园土壤提肥增效的有效方法。

1. 扩穴改土的时间

一般采果后结合重施有机肥同时进行。

2. 扩穴改土的方法

（1）环沟状扩穴改土

在树冠滴水线外开挖深30 cm、宽20 cm、长30～40 cm相对的2条沟，年施有机肥20～30 kg，能结合施复合肥0.2～0.3 kg和钙镁磷肥0.1 kg，有机肥等和土壤充分混匀后回填。翌年在未开沟处再相对开2条沟，年施有机肥30～40 kg、复合肥0.3～0.4 kg，逐年轮换进行，可取得好的效果。

（2）行间扩穴改土

对于平地果园，一般采用行间深翻扩穴改土，在每两行果树间开沟，第一次在两行果树间扩穴深翻作业，第二次再扩穴深翻另外两行果树间的土壤。两行果树间开挖深30～40 cm、宽40～50 cm（视果树行间距大小而调整）的沟，年施有机肥40～60 kg，能结合施复合肥0.4～0.6 kg和钙镁磷肥0.2 kg，有机肥等和土壤充分混匀后回填。翌年再深翻另外两面的土壤。

（3）株间扩穴改土

两株果树间进行穴改土，第一次深翻作业时先翻果树相对两面土壤，第二次再深翻另外两面的土壤，整个深翻改土作业分两次进行。对面深翻一次性投工较少，还能避免伤根。在两株果树间开挖深30～40 cm、宽40～50 cm、长60～80 cm（视果树行间距大小而调整）的沟，年施有机肥40～60 kg，结合施复合肥0.4～0.6 kg和钙镁磷肥0.2 kg，有机肥等和土壤充分混匀后回填。翌年再深翻另外两面的土壤。

（五）杂草防控

1.果园间作抑制杂草

在红毛丹园可间种花生、假地豆、柱花草、绿肥等作物，定期割草粉碎还田。

2.定期割草还田

树冠下树盘内的杂草平时要清理，或者用地布覆盖防治杂草生长。果园的杂草用割草机定期割草粉碎还田，注意在杂草种子成熟前进行割草还田，一方面增加果园有机质，另一方面保持园区土壤水土，并调节湿度。

五、红毛丹换冠高接

（一）红毛丹换冠高接的概念

红毛丹换冠技术是一种能快速、有效改变红毛丹品种和优化栽培模式的方法。对于红毛丹品种改良而言，这是一种比较好的途径，比重新栽种提早3～4年进入挂果期。对于优化栽培模式而言，这是一种矮化栽培模式的方法，能把原来过高的树冠进行有效矮化，矮化换冠后能有效提高劳动效益，有效节约劳动成本，便于管理。换冠方法依照部位不同，分为高位换冠、中位换冠和低位换冠。

（二）红毛丹换冠高接的条件

对于换冠的红毛丹树体而言，要植株生长健康，植株健壮，根系或者树干未有明显的病虫害或者爆裂衰老现象，这是确保换冠后达到早产、丰产的必要条件之一，否则没有换冠高接的价值。

（三）换冠高接的技术要点

红毛丹换冠高接的主要技术要点有以下"五定"。

1. 定替换品种

确定待换冠后的品种，换接与被换接品种间亲和良好，不影响换接后换接品种的正常生长和产量稳定，换接后产品品质应保持不变。如原来的'保研2号''保研3号'或'保研4号'等，换接'保研7号'等品种。换接品种能很好地适应当地的气候、土壤条件。如选择外来品种，应先行试验，确定该品种能适应当地的气候、土壤条件，不因气候、土壤条件造成丰产稳定性能和产品品质出现下降、退化。除了出于品种资源的保护外，换接品种应比被换接品种具有更高的稳产、高产、优质适销等性能。

2. 定换冠部位

高位换冠：一般在红毛丹老树离地面高度90～130 cm进行适当的短截后直接换冠，称之为高位换冠。

中位换冠：一般在红毛丹老树离地面高度80～100 cm进行适当的短截后直接换冠，称之为中位换冠。

低位换冠：一般在红毛丹老树离地面高度50～80 cm进行短截后直接换冠，称之为低位换冠。

注意事项，换冠切口倾斜平滑，避免切口积水而引起树头腐烂，最好对切口进行涂蜡等保护处理。

3. 定换冠时期

换冠时要避开多雨和台风季节，减少雨水对换冠成活率的影响，减轻台风对换冠后抽出的新梢造成大的伤害。在海南保亭推荐在2—4月进行低位换冠，这一时期降雨较少，距每年7—10月的台风季节较长，能保证换冠后红毛丹新梢有5~6个月的旺盛生长时间。也可在10月以后进行换冠，基本能避开当地的台风季节。

4.定嫁接方法

红毛丹嫁接方法较多，有切接、舌接、皮接、劈接等。应根据换冠品种的特性选择适合的嫁接方法。一般多采用劈接和切接法进行换冠。

根据换冠部分的高低、植株长势以及接穗情况而选择适宜的嫁接方法，对应高位换冠的，一般采用劈接法，在每个主枝上的不同方位进行嫁接。

对应中低位换冠的植株，根据植株长势和接穗情况可以采取待换冠树头长出新枝稍后，并在新的枝梢上进行嫁接换冠的品种。

5.定期管理

嫁接后定期检测，防治病虫为害、截口感染以及接穗失活现象，及时放置灭蚁药物，防止蚂蚁咬破薄膜，造成接穗失水死亡。每隔5~7 d在地面沿树干底部撒一圈（约5 g）灭蚁清，即可有效防治蚂蚁为害。抹芽是保证换冠后换接品种成活的主要手段之一。嫁接后，嫁接口以下部位长出的新芽会消耗大量的养分，降低换冠成活率。换冠后，要及时抹去嫁接口以下部位长出的新芽，这一过程将延续到整个红毛丹生长周期的结束。定期及时检测接穗，适时修剪，培养丰产树型（图6-9至图6-11）。

图6-9　换冠后的矮化树形
（周兆禧　摄）

图6-10　红毛丹矮化后结果植株
（周兆禧　摄）

图6-11　换冠高度的确定及截口倾斜（周兆禧　摄）

六、红毛丹移栽技术

红毛丹移栽技术是指针对已结果的红毛丹幼树或者是大树进行移动位置的栽培过程称为红毛丹移栽。红毛丹移栽是否成活的核心是"保持植株水分平衡"，移栽过程中关键技术要点如下。

（一）树冠修剪

红毛丹幼树或成龄果树移栽需要对移栽的植株枝叶进行适当修剪，从而减少果树枝叶的蒸腾。根据树势情况，保留骨干枝，并对骨干枝进行适当回缩修剪，其余弱枝、交叉枝、过密枝、病虫害枝等进行剪除，整个树冠适当保留叶片。

（二）适时断根

准备移栽的红毛丹成年果树，最好在上一年秋季后，或者是在早春果树发芽前进行断根处理。也就是围绕树干30～80 cm为半径垂直向下挖40～50 cm进行切根（与土球大小相当），根据植株大小情况而定，一般切断2/3左右的根系。保留部分粗根吸收水分和养分，起到固定的作用，这些保留的粗根要做环状剥皮，目的是促使其生发新根。一般成年果树主干直径（地径）粗度8～10倍（直径）进行切根（图6-12）。

图6-12　红毛丹树冠回缩、断根（高宏茂　提供）

（三）包扎土球

红毛丹幼树或成年果树移栽必须带土球，这对保证果树成活至关重要。成年果树移栽所带土球要根据植株大小而定。一般大土球有利于提高成活率，但过大土球在移栽过程中移动运输成本加大；而土球太小，又不能保证成年果树的成活。因此土球大小是个关键问题，一般情况下，红毛丹成年树主干直径（地径）粗度8～10倍（直径）的土球适宜，土球的形状为中间大两头尖。在运输过程中，必须对土球包扎结实，避免土球散，土球结实完整是保证成活的关键因素（图6-13）。

图6-13　红毛丹断根包土球移栽（谭海雄　提供）

（四）树干包裹

在移栽过程中，从挖土球后，用湿润的草绳缠绕树干也能够起到减少树体水分蒸发的作用，可以经常为这些草绳喷水，保持湿润状态。

（五）生根处理

红毛丹幼树或成年果树移栽定植时，不仅要淋透定植水，还要用生根粉进行处理，以促进新根的萌发。

（六）定植遮阳

为了减少果树水分蒸发，可以为果树搭建遮阳棚，减少太阳的直晒。采用竹木和钢管搭建脚手架在脚手架上覆盖遮阳网，直到移栽成活后再拆除遮阳网。

（七）适时管理

红毛丹幼树或成年果树移栽后要加强田间管理，主要包括肥水管理、树型培养、病虫害防控等管理。移栽后水肥管理要遵循少量多次、勤施、薄施的原则。树盘覆盖，以保持树盘湿润。为尽快恢复树势，地下施肥、叶面施肥（待新叶长出）和吊袋输液结合。

第七章

采　收

一、成熟判断

（一）果实色泽判断

当红果品种成熟时为红色、深红色或粉红色，黄果品种成熟时为橙黄色时即可采摘。

（二）季节性判断

在海南红毛丹的主产区保亭，一般果实成熟期在6—10月。

（三）开花时间判断

红毛丹一般从开花到果实成熟需要90～150 d。由于各产区的气候等自然环境、品种的差异，红毛丹果实的生育期长短也不尽相同。如由盛花至果熟正常采收，中国海南需105～120 d，泰国需90～120 d，印度尼西亚需90～100 d，马来西亚需100～130 d。

（四）口感风味判断

红毛丹果实生长发育过程中，当红毛丹果实风味达到该品种应有的品质特征时，表明果实已经成熟。

二、采收要点

（一）采收标准

红毛丹果实充分成熟时，其风味香甜可口，红皮的红毛丹果实成熟时，果皮红而刺毛也要红透；黄皮的红毛丹果实成熟时，果皮黄而刺毛也要黄透。因此，要根据不同用途或销售目的地适时采收，一般作为鲜食果或就地销售的果实成熟度要达90%左右，而对于远销的果实，成熟度为80%～90%时采收。

（二）采收时间

红毛丹果实一般在6—10月成熟，成熟果实可在树上挂果一个月左右。采收应在晴天早晨或傍晚进行，烈日中午或雨天一般不宜采收。果穗采收宜于果穗基部与结果母枝交界处剪下。在整个采收过程中避免果实受到机械损伤、暴晒。

三、分级方法

表7-1　红毛丹果品分级要求

项目	等级指标		
	优等品	一等品	二等品
每500 g果实个数	8～12个	12～16个	16～20个
果面	无病虫害，缺陷面积不超过整个果面积的2%，但不影响果实品质	病虫害和缺陷面积不超过整个果面积的5%，但不影响果实品质	病虫害和缺陷面积不超过整个果面积的10%，但不影响果实品质
色泽	色彩鲜艳、着色良好	色彩均匀、着色较好	色彩、着色一般
刺毛	完整	较完整	基本完整
成熟度	90%～95%	85%～90%	80%～85%

四、包装

用于包装的塑料盒、纸箱、泡沫箱等应统一规格，整洁、干燥、牢固、透气、无污染、无异味，内壁无尖突物，无虫蛀、腐烂霉变等，纸箱无受潮、离层现象。塑料盒、纸箱、泡沫箱应符合相关标准的要求。

每一包装上应标明产品名称、标准编号、商标、生产单位（或企业）名称和地址、产地、规格、净含量和包装日期等，字迹应当清晰、完整、准确（图7-1）。

图7-1　红毛丹包装

包装标志应符合《包装储运图示标志》（GB/T 191—2008）规定的要求。

第八章

挑选技术

红毛丹的果实呈球形或卵形，果皮表面有龟甲纹，并具一凹沟，内藏种子，熟果的颜色呈鲜红色或略带黄色。在选购时要选择外表美观、皮色鲜红、外表新鲜的果实，品质口感自然鲜美。因此，在选购红毛丹时，要从以下方面挑选。

一、看颜色

挑选红毛丹时，红色品种的要选那些全红的，表面有光泽、毛刺尾部略带青黄色的果是最新鲜的，如红到发紫则过度成熟。黄皮品种，果皮黄色而刺毛略带青色的果是最新鲜的。如果果实已经发暗、发黑，表明果实采收后存放时间长，不新鲜。

二、看果面

新鲜红毛丹表面颜色均匀有光泽，没有黑色斑点，果面没有伤痕，也没有病虫害斑点。相反，不新鲜的红毛丹果实颜色不均匀，无光泽，毛刺脱水发软，果面有或多或少的病虫害斑点或伤痕。

三、看大小

果实大小均匀、饱满的红毛丹是最好的，挑选时要尽量选大而均匀、饱满的果实，捏一捏果实，有明显的硬而结实的果实比较好。

四、看果刺

挑选的时候，要挑果刺细长的红毛丹，表明果树比较成熟。

五、看手感

摸一摸红毛丹的表面，在果刺未褐化的情况下，因为刺软，成熟度相对要高些，成熟的果实会比较甜。

六、品味道

红毛丹果实成熟时，果实香甜可口。品种不同所表现的口感风味也不同。

第九章

保鲜储藏

红毛丹果实因为果皮布满果刺而非常"娇贵"，在其采后储运保鲜中极易出现果皮失水、变质及冷害等问题，常温下红毛丹的新鲜度只有2～3 d。因此，通常采用以下方法进行保鲜储藏。

一、留树保鲜

红毛丹留树保鲜，是指红毛丹果实成熟后仍然让其留树上保鲜的方法，留树保鲜果实色泽最好，时间能持续1个月左右，但不同品种的果实成熟后的树上保鲜时间有较大的差异。留树保鲜的缺点是对翌年树体开花结果有一定影响。

二、物理保鲜

物理保鲜包括温度调控（温度调控是指采后热处理和低温储藏）、气体调控（即人工气调和自发性气调薄膜包装）、辐射处理、真空储藏等。

不同品种红毛丹果实适宜储藏温度范围为8～12 ℃，15～20 ℃储藏时易发生衰老褐变，0～5 ℃储藏时易发生冷害。不同品种红毛丹果实气调储藏条件一般为7%～12% CO_2 和3%～5% O_2。红毛丹果实48℃热处理1 min后，10℃低温储藏4 d，能有效减少抗坏血酸和花青素损失。

三、生物保鲜

生物调控技术包括拮抗微生物保鲜和天然植物提取物保鲜，主要通过微生物，如真菌、细菌或酵母等的拮抗作用和利用初生、次生代谢产物保持果蔬采后品质，具有资源丰富、数量多，代谢方式多样，易于规模化发酵，无公害、无抗药性等优点，在果蔬保鲜中应用较多。例如，拮抗细菌悬液浸泡结合13℃低温储藏红毛丹果实至20 d时，发病率大幅度降低。

四、化学保鲜

化学保鲜是指利用化学物质喷洒、涂抹或浸泡果蔬，通过抑制或杀死表面、周围环境中的微生物，以达到保鲜的目的。因其操作简便，在常温运输和储藏中多运用此法。早期较多使用化学防腐剂，如多菌灵、抑霉唑、扑海因、噻苯咪唑和苯菌灵等杀菌剂对红毛丹果实采后病害有不同控制效果。

对于红毛丹果实在家庭里的保鲜原则是：即买即食，不宜久藏，在常温下3 d即变色生斑，软刺变黑（图9-2）。若量过剩时，可密封于塑胶袋中，放冰箱冷藏，约可保鲜10 d左右。

图9-1 不同品种鲜果色泽各异　　图9-2 腐烂的红毛丹果实
（周兆禧　摄）　　　　　　（袁德保　摄）

第十章

主要病虫害防控

一、主要病害及防控

红毛丹病害目前尚未有较为系统的报道，已经报道的病害有炭疽病、灰斑病、假尾孢菌叶斑病、蒂腐病、藻斑病和煤烟病等。其中常见的病害为炭疽病、灰斑病、蒂腐病、藻斑病和煤烟病。

（一）红毛丹炭疽病

该病是红毛丹幼龄树的常见病害之一。严重发病时，病叶率可达40%～50%，严重引起苗期落叶，严重影响幼龄树的生长发育。为害果实，可引起果实变黑腐烂，严重影响果实的商品价值。

1. 症状

此病主要为害叶片，尤其是幼苗、未结果和初结果的幼龄树发病特别严重，同时也可以为害幼果和成熟果实。叶片病斑多从叶尖开始，亦有叶缘、叶内发生的。初在叶尖出现黄褐色小病斑，随后向叶基部扩展，严重时，病斑占据整个叶片的1/2～4/5，病斑变为灰褐色。病健分界线分明。前期叶面和叶背均为深褐色，后期病部叶面为灰色，叶背仍为褐色。叶缘或叶内发病部位则呈椭圆形或不规则的病斑（图10-1）。潮湿时，叶背

图10-1　红毛丹炭疽病的症状（谢昌平　摄）

病部产生黑色小粒点。严重时，病叶向内纵卷，易脱落。为害果实先出现黄褐色小点，后呈深褐色至黑褐色，水渍状，后期病部生黑色小点，引起幼果脱落或成熟果实变黑腐烂。

2. 病原

无性阶段病原为半知菌类、腔孢纲、黑盘孢目、炭疽菌属、胶孢炭疽菌复合种（*Colletotrichum gloeosporiodes* species complex）。有性阶段为子囊菌门的小丛壳属（*Glomerella cingulata*）。有性阶段在田间很少发现。

形态：病原菌在PDA培养基白色，气生菌丝发达。（图10-2A）分生孢子盘生于病部表皮下，成熟时突破表皮。分生孢子梗圆柱形，密集排列，无色。分生孢子大小为（3.4～4.2）μm×（18～25）μm，无色、单胞，长椭圆形，两端短圆钝或一端稍尖，内含1～2个油球（图10-2B）。

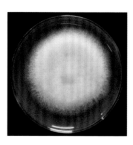
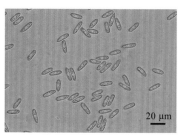

A. PDA培养基上菌落　　　　　　B. 分生孢子

图10-2　红毛丹炭疽病菌在PDA培养基上的菌落和分生孢子（谢昌平　摄）

3. 发病规律

病原菌以菌丝体和分生孢子盘在树上和落在地面的病叶上越冬。翌年春天在适宜的气候条件下，分生孢子借助风雨和昆虫等传播到幼嫩的组织上，萌发产生附着胞和侵染丝，从寄主伤口或直接穿透表皮侵入寄主；在天气潮湿时，病斑上又产生大量的分生孢子，继续辗转传播，使病害不断地扩大、蔓延。该病一般在4月中旬至10月上中旬发生。

一般苗木幼树比大树、老树更易于发病。而以嫩叶和幼果的发病往往较其他部位要严重。在高温、高湿、多雨条件下最易于发病。一般暴风雨、台风和介壳虫等害虫严重发生时易于造成大量伤口，有利于病菌的传播侵染发病。此外，果园栽培管理粗放，土质浅薄贫瘠，虫害多等因素造成树势衰弱，病害往往较重。

4. 防治措施

（1）加强栽培管理

注意深翻改土，增施磷钾肥和有机肥，以增强树势，提高植株的抗病性，尤其对苗木和幼树，更需要提高水肥管理技术，及时合理修剪整形，促进良好树冠的形成。

（2）减少侵染来源

冬季彻底清园，剪除病叶、枯梢，集中处理。并喷洒杀菌剂进行防治。

（3）化学防治

叶片展开但还未转绿时，就应该抓紧喷药，可选用下列农药：50%苯来特可湿性粉剂1 000倍液，或70%甲基托布津可湿性粉剂1 000倍液，或40%多菌灵可湿性粉剂1 000倍液，或50%退菌特可湿性粉剂600倍液，或10%苯醚甲环唑水分散粒剂1 000~1 500倍液等。每隔7~10 d喷一次，连续2~3次。

（二）红毛丹灰斑病

1. 症状

多发生于老叶或成叶上，病斑多从叶尖、叶缘开始发生，发病初期叶片上产生灰褐色为圆形或椭圆形的病斑，以后逐渐扩大，常多个病斑常愈合后形成不规则的病斑，后期病斑变为灰白色，叶片两面常散生或聚生许多小黑点，即为病原菌的分生孢子盘（图10-3）。

图10-3　红毛丹灰斑病的症状（谢昌平　摄）

2. 病原

该病原为半知菌类、腔孢纲、拟盘多毛孢属（*Pestalotiopsis* sp.）。病原菌在PDA培养基上的菌落为灰白色，圆形，菌落表面呈有层次的波浪形，后期中央出现银灰色孢子堆（图10-4A）。菌丝纠集成棉絮团状，子实体较小，比较坚硬，镶嵌于培养基中，菌落背面黑色。分生孢子5细胞，直或略弯曲，纺锤形，分生孢子大小（10.0～14.77）μm×（2.8～3.9）μm，中间3个细胞同为褐色，色胞长8.0～10.5 μm；顶细与基部细胞无色，圆锥状，具有2～3根顶端附属丝，无色；基部细胞末端渐尖，有1根尾端附属丝（图10-4B）。

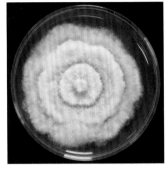

A. PDA培养基上的菌落

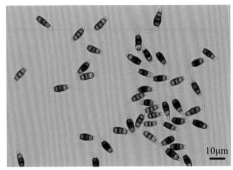

B. 分生孢子

图10-4　红毛丹拟盘多毛孢叶枯病菌的在PDA培养基上菌落和分生孢子
（谢昌平　摄）

3. 发病规律

病菌以分生孢子盘、分生孢子、菌丝体在病叶或病残体上进行越冬。翌年越冬病原菌的分生孢子、菌丝体和分生孢子盘上新产生的分生孢子，通过雨水、风雨进行传播，发生初次侵染。潜育一段时间后，在成熟叶片上产生病斑，重复侵染。

4. 防治措施

加强果园管理，生长期特别是春夏秋3次嫩梢抽生至生长期。减少侵染来源，冬季彻底清园，剪除病叶、枯梢，集中无害化处理。并喷洒杀菌剂进行防治。可用以下药剂防治：50%多菌灵可湿性粉剂800~1 000倍液，或70%甲基托布津可湿性粉剂800~1 000倍液，或75%百菌清可湿性粉剂500~800倍液。

（三）红毛丹蒂腐病

1. 症状

一般在果实收获后4~5 d观察到发病的症状，多发生在果实的果蒂部，发病初期在果蒂附近病部产生暗褐色不规则形的病斑，随着病害的进一步发展，果蒂部位呈现黑褐色的，其上产生灰褐色至黑褐色的霉层。果皮变黑色，皱缩，果毛变黑变软。果肉变软腐烂，挤压流褐色汁液。后期在霉层部位会产生大量黑色的硬质的粒状物，是病原菌的子座。

2. 病原

病原菌为半知菌类、腔孢纲、球壳孢目、球二孢属的可可球二孢菌（*Botryodi-plodia theobromae* Pat.）。PDA平板培养基上菌落初为灰白色，后变为灰褐至褐黑色，在全光条件下，15～20 d产生黑色近球状子实体，子座表面附满菌丝。一个子座内有多个分生孢子器，近球形，（180.0～318.9）μm×（157.0～436.0）μm。未成熟分生孢子单细胞、无色；成熟的分生孢子双细胞褐色至黑色，表面有纵条纹，大小为22.1 μm×12.9 μm。

3. 发病规律

病原菌以菌丝体或子座、分生孢子器在枯枝或树皮上或以菌丝体潜伏在寄主体内越冬。翌年环境条件适宜时，分生孢子自分生孢子器涌出，经雨水溅射或昆虫活动进行传播，潜伏在果实上，待果实近成熟或成熟即可表现出症状。病害的发生与采收前的气候条件、采收方式和储藏条件等有着密切关系。采收前25～35℃有利于该病害的发生。结果期若遇台风暴雨频繁的季节，台风极易扭伤果柄或擦伤果皮，病原分生孢子易从伤口侵入，则发病往往较重。采收和储运过程中机械损伤多或虫伤多易于发病。在25～35℃的环境条件下，果实发病较多而严重；当储藏温度为13℃时，则发病率明显降低。

4. 防治措施

（1）搞好果园卫生，减少初侵染源

果园修剪后应及时把枯枝烂叶清除，修剪时应尽量贴近枝条分枝处剪下，避免枝条回枯。

（2）采后药剂处理

果实采后处理可考虑结合炭疽病的防治进行，采用45%特克多胶悬剂500倍液；或45%咪鲜胺乳油500~1 000倍液药剂浸果处理2~5 min，这对降低蒂腐病的病果率有一定的作用。

（3）低温储藏

将采收处理后的果实置于10~13℃储藏也可减轻病害的发生和发展。

（四）红毛丹藻斑病

1. 症状

病斑常见于树冠的中下部枝叶。发病初期在叶片上形成褪绿色近圆形透明斑点，然后逐渐向四周扩散，在病斑上产生橙黄色的绒毛状物。后期病斑中央变为灰白色，周围变为红褐色。严重影响叶片的光合作用。病斑在叶片上的分布，往往主脉两侧多于叶缘。

2. 病原

病原为绿藻门、头孢藻属、绿色头孢藻（*Cephaleuros virsens* Kunze）。在叶片形成橙黄色的绒毛状物包括孢囊梗和孢子囊，孢囊梗黄褐色，粗壮，具有分隔，顶端膨大成球形或半球形，其上着生弯曲或直的浅色的8~12个孢囊小梗，梗长为274~452 μm，每个孢囊小梗的顶端产生一个近球形黄色的孢子囊，大小为（14.5~20.3）μm×（16.0~23.5）μm。成熟后孢子囊脱落，遇水萌发释放出2～4根鞭毛的无色薄壁椭圆形游动孢子。

3. 发病规律

病原以丝状营养体和孢子囊在病枝叶和落叶上越冬，在春季温度和湿度环境条件适宜时，营养体产生孢囊梗和孢子囊，成熟的孢子囊或越冬的孢子囊遇水萌发释放出大量游动孢子，借助风雨进行传播，萌发芽管从气孔侵入，形成由中心点作辐射形的绒毛状物。病部能继续产生孢囊梗和孢子囊，进行再侵染。病害的发生与气候条件、栽培管理有着密切关系。在温暖、潮湿的气候条件下有利于病害的发生。当叶片上有水膜时，有利于游动孢子从气孔的侵入，同时降雨有利于游动孢子的侵染。病害的初发期多发生在雨季开始阶段，雨季结束往往是发病的高峰期。果园土壤贫瘠、杂草丛生、地势低洼、阴湿或过度郁闭、通风透光不良以及生长衰弱的老树、树冠下的老叶，均有利于发病。

4. 防治措施

（1）加强果园管理

合理施肥，增施有机肥，提高抗病性；适度修剪，增加通风透光性；搞好果园的排水系统；及时控制果园杂草的丛生。

（2）降低侵染来源

清除果园的病老叶或病落叶。

（3）药剂防治

病斑在灰绿色尚未形成游动孢子时，喷洒波尔多液或石硫合剂均具有良好防效。

（五）红毛丹煤烟病

1. 症状

主要为害叶片和果实。在叶片和果实表面覆盖一层黑色煤烟层，故称煤烟病。这些煤烟层容易脱落，严重时整个叶片和果实均被菌丝体（煤烟）所覆盖。影响叶片的光合作用、果实的外观和商品价值。

2. 病原

病原菌的无性态为半知菌类、丝孢纲、丝孢目的枝孢属（*Cladosporium* sp.）。有性态为子囊菌门、座囊菌纲、煤炱目的煤炱属（*Capnodium* sp.）。

枝孢属（*Cladosporium* sp.）在PDA培养基上，菌落正面呈橄榄色至深褐色，表面绒毛状，背面墨绿色（图10-5A）；菌丝分枝，浅褐色，光滑；分生孢子梗竖直，有隔膜，稍有分枝；合轴式延伸产孢；分生孢子链生，分枝，多数浅绿褐色，呈柠檬形和椭圆形，单胞多，双胞少，大小（3.5～6.5）μm×（2.0～3.0）μm。枝状分生孢子大小（7.0～25.0）μm×（2.5～4.0）μm（图10-5B）。

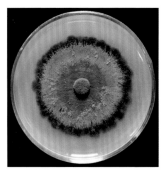

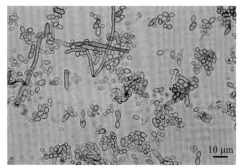

A. PDA培养基上的菌落　　　　　　　B. 分生孢子

图10-5　红毛丹煤烟病菌在PDA培养基上的菌落和分生孢子（谢昌平　摄）

煤炱属（*Capnodium* sp.）菌丝体均为暗褐色，着生于寄主表面。子囊座球形或扁球形，表面生刚毛，有孔口，直径110～150 μm。子囊长卵形或棍棒形，（60～80）μm×（12～20）μm，内含8个子囊孢子，子囊孢子长椭圆形，褐色，有纵横隔膜，砖隔状，一般有3个横膈膜，（20～25）μm×（6～8）μm。分生孢子有两种类型，一种是由菌丝溢缩成连珠状再分隔而成的，另一种是产生在圆筒形至棍棒形的分生孢子器内。

3. 发病规律

病原菌的菌丝体、分生孢子、子囊孢子都能越冬，成为翌年初侵染来源。当枝、叶的表面有介壳虫等同翅目害虫的分泌物时，病菌即可在上面生长发育。菌丝体、子囊孢子和分生孢子借风雨、昆虫传播，进行重复侵染。由于病原菌主要依靠介壳虫等同翅目害虫分泌的"蜜露"为营养。因此，介壳虫等同翅目害虫的分泌物越多，病害也越严重。

4. 防治措施

（1）农业措施

加强果园的管理，合理修剪，使果园通风透光，可减少蚜虫、介壳虫等同翅目害虫的为害。

（2）喷药防虫

由于多数病原菌以介壳虫等同翅目害虫分泌的"蜜露"为营养，因此，防治蚜虫、介壳虫等同翅目害虫，是防治该病害的重要措施。

（3）喷药防菌

在发病初期，喷0.5%石灰半量式波尔多液或0.3Bé°的石硫合剂；发病后可选用75%百菌清可湿性粉剂800～1000倍液，或75%多菌灵可湿性粉剂500～800倍液，或40%灭病威可湿性粉剂600～800倍液等药剂，可减少煤烟病菌的生长。

二、主要虫害及防控

为害红毛丹的害虫有30多种，可归属为蚧类、粉蚧类、蜡蝉类、蜻类、实蝇类、蓑蛾类、象甲类等，它们咬食红毛丹的叶片，刺吸嫩枝、嫩叶、花穗、果实的汁液，影响红毛丹的生长，造成产量损失。现分别介绍如下。

（一）蚧类害虫

1. 为害概况

为害红毛丹的蚧类害虫属半翅目（Hemiptera），重要种类有绵蚧科（Monophlebidae）的吹绵蚧（*Icerya purchasi* Maskell）、蜡蚧科（Coccidae）的红蜡蚧（*Ceroplastes rubens*）等。蚧类害虫以若虫和雌成虫在红毛丹的叶牙、嫩芽、新梢上刺吸汁液为害，发生严重时，造成嫩叶皱缩、嫩梢枯萎，影响长势。

2. 常见种类

（1）吹绵蚧

雌成虫　椭圆形或长椭圆形，橘红色或暗红色。体表面生有黑色短毛，背面被有白色蜡粉并向上隆起，而以背中央向上隆起较高，腹面则平坦。触角黑褐色，位于虫体腹面头前端两侧，触角11节，第1节宽大，第2和第3节粗长，从第4节开始直至第10节皆呈念珠状，每节生有若干细毛，第11节较长，其上细毛也较多。有3对胸足，胫节黑色稍有弯曲。腹气门二对，1腹裂。虫体上的刺毛沿虫体边缘形成明显的毛群。多孔腺较大的中央具一个圆形小室，较小的中央具一个长形小室，两种孔腺周围都有一圈小室。雌成虫初期无卵囊，发育到产卵期才逐渐形成白色半卵形或长形的卵囊，卵囊与虫体腹部约以45°角向后伸出，囊背有纵沟约5条。

雄成虫 细长暗红色，口器退化。胸部有灰黑色前翅一对，后翅也退化。

（2）红蜡蚧

雌成虫 椭圆形，背面暗红色至紫红色的蜡壳覆盖。蜡壳长约4 mm，高约2.5 mm，顶部凹陷，形似脐状。有4条白色蜡带，从腹面卷向背面。虫体紫红色，触角6节，第3节最长。

雄成虫 体长1 mm，暗红色，前翅1对，白色半透明，翅展2.4 mm，后翅退化。

卵 椭圆形，长0.3 mm，两端稍细，淡红至淡红褐色，有光泽。

若虫 初孵时椭圆形，扁平，长0.4 mm，淡褐色或暗红色，腹端有2长毛；2龄若虫体稍突起，暗红色，体表被白色蜡质；3龄若虫蜡质增厚，触角6节，触角和足颜色较淡。

前蛹和蛹 蜡壳暗红色，长形。蛹体长1.2 mm，淡黄色，茧椭圆形，暗红色，长1.5 mm。

3. 发生规律

吹绵蚧年发生世代数因地而异，南方地区3～4代，卵期13.9～26.6天。若虫5月上旬至6月下旬发生，若虫期48.7～54.2 d。成虫发生于6月中旬至10月上旬，7月中旬最盛，产卵期达31.4 d，每雌产卵200～679粒。

红蜡蚧1年发生1代，5月下旬至6月上旬为越冬雌虫产卵盛期。越冬雌虫产卵于体下，产卵期长可达一个月。每雌可产卵200～500粒。虫卵孵化盛期在6月中旬，初孵若虫多在晴天中午爬离母体，后陆续固着在枝叶上为害。

4. 蚧类害虫防控技术

（1）农业防治

①加强水肥管理，增加树势，增强抗虫害能力；②结合果树修剪，剪除密集的荫、弱枝和受害严重的枝；③剪下的有虫枝条放在空地上待天敌飞出后再烧毁。

（2）生物防治

保护和利用蚧类的天敌，如红缘瓢虫、黑缘红瓢虫和红点唇瓢虫等，以发挥其自然控制蚧类的作用。

（3）化学防治

在卵孵化高峰期喷洒如下药剂：5.7%甲氨基阿维菌素苯甲酸盐乳油2 000倍液，或5%吡虫啉乳油1 000倍液，或30号机油乳剂30～40倍液，7～10 d后再喷1次。

（二）粉蚧类害虫

1. 为害概况

粉蚧类害虫属半翅目（Hemiptera），粉蚧科（Pseudococcidae），常见种类有腺刺粉蚧（*Ferrisia virgata* Cockerell）、新菠萝灰粉蚧［*Dysmicoccus neobrevipes*（Beardsley）］等，以雌成虫和若虫聚集在嫩枝、叶片刺吸为害，初孵若虫从卵囊下爬出，固定在叶片和嫩枝吸食汁液，造成植株营养不良，树势衰弱、果实质量下降等，并且可排泄蜜露诱发煤烟病，影响树体的光合作用。

2. 常见种类

（1）腺刺粉蚧

雌成虫　体黄绿色至灰色，卵圆形，触角8节，体长2.5～3.0 mm，宽1.5～2.0 mm，体表覆盖白色颗粒状蜡质分泌物，背部具2条深灰色至黑色竖纹，尾端具2根粗蜡丝（长约为虫体长的50%）和数根细蜡丝。

雄成虫　高度硬化，深灰色，触角10节，有翅，透明。

若虫　1龄和2龄呈淡黄色，触角6节，3龄触角7节。

（2）新菠萝灰粉蚧

雌成虫　体长2.5～4.5 mm，宽1.5～2.0 mm；虫体呈椭圆形，灰白色，体外被白色蜡粉覆盖，体周缘有17对蜡丝。触角8节；尾瓣腹面有长方形的硬化区；第7腹节背面中脊两侧的刚毛较短，肛环前无背毛。

雄成虫　比较细长，体长约1.0 mm。触角10节，有一对具有金属光泽的翅。

若虫　体呈淡黄色至淡红色，触角及足发达、活泼，一龄体长约0.5 mm，二龄体长1.1～1.3 mm，此龄便可产生白色蜡粉，三龄体长约2.1 mm。

3. 发生规律

腺刺粉蚧1年发生3～5代，两性卵生生殖，雌成虫产卵在由蜡状细丝制成的"垫"上，1龄若虫在几个小时内孵化。

新菠萝灰粉蚧1年发生5代，每个世代为27～34 d，平均29 d，孤雌生殖，世代重叠，没有明显的休眠期，南方每年8月至翌年4月的温度有利于该虫的生长发育，成虫高峰主要出现在3—4月和11—12月。

4. 粉蚧类害虫防控技术

在卵孵化高峰期用40%啶虫脒，或5.7%甲氨基阿维菌素苯甲酸盐乳油2 000倍液，或5%吡虫啉乳油1 000倍液，7～10 d后再喷1次。

（三）蜡蝉类害虫

1. 为害概况

为害红毛丹的蜡蝉类害虫有半翅目（Hemiptera）蛾蜡蝉科（Flatidae）的白蛾蜡蝉（*Lawana imitata* Melichar）、青蛾蜡蝉（*Salurnis marginella* Guerr）等，它们以成、若虫吸食枝条和嫩梢汁液，使其生长不良，叶片萎缩，造成树势衰弱，严重者可使枝条干枯，其排泄物可引起煤烟病。

2. 常见种类

（1）白蛾蜡蝉

成虫 体长19～21.3 mm，翅展43 mm。碧绿或黄白色，被白色蜡粉。头尖，触角刚毛状，复眼圆形，黑褐色。中胸背板上具3条纵脊。前翅略呈三角形，粉绿或黄白色，具蜡光，翅脉密布呈网状，翅外缘平直，臀角尖而突出。径脉和臀脉中段黄色。后翅白或淡黄色，半透明。

卵 长椭圆形，淡黄白色，表面具细网纹。

若虫 体长8 mm，白色，稍扁平，虫体布满棉絮状蜡质物，翅芽末端平截，腹末有成束粗长蜡丝。

（2）青蛾蜡蝉

成虫 体长5～6 mm，展翅15～17 mm，全体黄绿色至绿色。前翅近长方形、黄绿色至绿色。前缘、后缘和外缘均深褐色；后缘离外缘1/3处有一深褐色斑点。翅脉丰富、呈网状、红褐色，后翅扇形、乳白带淡绿色、半透明；复眼紫褐色；触角芒状，基部2节较大；足3对，淡黄绿色；中胸背板上有四条赤褐色纵纹，静止时呈屋脊状，能弹跳飞翔。

若虫 复眼、触角、足、中胸背板同成虫。初孵若虫淡绿色、长约1.3 mm，老熟时体长4～5 mm，虫体分泌白色絮状物，多在嫩茎上取食，在叶背脱皮，一生脱皮4次。腹末具有2束丝状白色腊质长毛，有弹跳的习性。

卵　淡绿色、长1.3 mm，短香蕉形，一端略大，卵多在秋梢嫩茎皮层内。

3.发生规律

白蛾蜡蝉在南方年生2代，以成虫在茂密的枝叶间越冬。翌年2—3月气候转暖后，越冬成虫开始活动，取食交配，产卵于嫩枝、叶柄组织中，产卵期较长。3月中旬至6月上旬为第1代卵发生期，6月上旬始见第1代成虫，7月上旬至9月下旬为第2代卵发生期，11月所有若虫几乎发育为成虫，随着气温下降成虫转移到寄主茂密枝叶间越冬。

青蛾蜡蝉在南方一年发生2代，越冬代成虫在2—3月天气转暖后开始取食、交尾、产卵等活动，卵产在枝条、叶柄皮层中，卵粒纵列成长条块，产卵处稍微隆起，表面呈枯褐色。第1代卵孵化盛期在3月下旬至4月中旬；成虫盛发期5—6月。第2代卵孵化盛期于7—8月；9—10月陆续出现成虫，9月中下旬为第2代成虫羽化盛期，至11月所有若虫几乎发育为成虫，然后移到寄主茂密枝叶间越冬。

4.蜡蝉类害虫防控技术

（1）农业防治

加强秋、冬季管理，剪除着卵枯枝，并烧毁。

（2）保护天敌

保护蜘蛛类、猎蝽、螳螂等天敌。

（3）药剂防治

常用农药及使用浓度如下。

10%吡虫啉可湿性粉剂2 000～3 000倍液，或1%甲氨基阿维菌素苯甲酸盐，或25%吡蚜酮可湿性粉剂1 000倍液喷雾。

（四）蝽类害虫

1. 为害概况

为害红毛丹的蝽类害有半翅目（Hemiptera）荔蝽科（Tessaratomidae）的荔枝蝽 [*Tessaratoma papillosa*（Drury）]、盲蝽科（Miridae）的茶角盲蝽（*Helopeltis theivora* Waterhouse）等，它们均能以成虫和若虫刺吸寄主幼嫩组织汁液，被害后的嫩梢或幼果凋萎、皱缩、干枯，对被害植株的生长和产量造成重大影响。

2. 常见种类

（1）荔枝蝽

成虫　体盾形、黄褐色，体长24～28 mm，触角4节，黑褐色。前胸向前下方倾斜；胸部有腹面被白色蜡粉，臭腺开口于后胸侧板近前方处。腹部背面红色，雌虫腹部第7节腹面中央有一纵缝而分成两片。

卵　常14粒相聚成块。近圆球形，径长2.5～2.7 mm，初产时淡绿色，少数淡黄色，近孵化时紫红色。

若虫　第1龄长椭圆形，体色自红至深蓝色，腹部中央及外缘深蓝色，臭腺开口于腹部背面。2～5龄体呈长方形。第2龄体长约8 mm，橙红色；头部、触角及前胸、腹部背面外缘为深蓝色；腹部背面有深蓝纹2条，自末节中央分别向外斜向前方。第3龄体长10～12 mm、第4龄体长14～16 mm，色泽同2龄。第5龄体长18～20 mm，色泽略浅，中胸背面两侧翅芽伸达第3腹节中间。

（2）茶角盲蝽

成虫 雌虫体长7.5 mm，雄虫体长5～6 mm，体有黄绿色、黄色或黄褐色等各种体色变化。具有黑褐色斑点。复眼突出，触角细长，为体长的两倍，其第1节长为头部加前胸的长度。中胸小盾片后方具一竖立而略向后弯曲的杆状突起，其端部膨大。翅半透明。足黄褐色，散生着大小不等的黑褐色斑点。雌虫前胸背板橙黄色，后缘有三角形斑纹，雄虫前胸背板全黑色。

若虫 成熟若虫体长4～5 mm，淡褐色，复眼赤色，触角、小盾片突起和足黄褐色，并具黑褐色斑点。若虫期各龄体形及颜色的变化较大。

卵 初产时乳白色，孵化前为黄褐色。近圆筒形，下端钝圆，上端稍扁平，中间略弯曲，卵盖的两侧附有两根附属丝。

3.发生规律

荔枝蝽一年发生1代，以成虫在树上浓郁的叶丛或老叶背面越冬。翌年2月底3初恢复活动，产卵于叶背。3月、4月若虫盛发为害。有假死习性，5月间可羽化为成虫。若虫和成虫如遇惊扰，会射出臭液自卫，臭液沾及嫩梢、幼果，接触部位会变焦褐色。

茶角盲蝽在海南一年发生10～12代，世代重叠，无越冬现象。在一年中发生高峰期因作物而异。一世代历期21～97 d，成虫期9～63 d，平均30 d；卵期5～18 d，平均8 d，若虫期518 d，平均14 d。

4.蝽类害虫防控技术

（1）农业防治

砍矮果园内杂草，如乞丐草、猪尿豆、蜘蛛草和其他豆科植物，以减少该类害虫的寄主食料。

（2）生物防治

野外的主要天敌有蜘蛛、蚂蚁、胡蜂、鸟、青蛙、大腹圆蛛等，寄生性天敌主要为小黑卵蜂，注意保护和利用。

（3）化学防治

若虫盛发高峰期，可用10%吡虫啉可湿性粉剂1 500倍液，或10%阿维菌素水分散剂1 500倍，或2.5%溴氰菊酯乳油乳油2 000倍液喷雾防治。15~20 d 1次，轮换用药。

（五）橘小实蝇（*Bactrocera dorsalis* Hendel）

1. 为害概况

橘小实蝇属双翅目（Diptera）实蝇科（Tephritidae），又称东方果实蝇，以幼虫在红毛丹果内取食为害，常使果实未熟先脱落，严重影响产量和质量。我国已将橘小实蝇列为国内外的检疫对象。

2. 形态特征

成虫 体长7~8 mm，翅透明，翅脉黄褐色，有三角形翅痣。全体深黑色和黄色相间。胸部背面大部分黑色，但黄色的"U"形斑纹十分明显。腹部黄色，第1、2节背面各有一条黑色横带，从第3节开始，中央有一条黑色的纵带直抵腹端，构成一个明显的"T"形斑纹。雌虫产卵管发达，由3节组成。

卵 梭形，长约1 mm，宽约0.1 mm，乳白色。

幼虫 蛆形，类型无头无足型，老熟时体长10 mm，黄白色。

蛹 为围蛹，长约5 mm，全身黄褐色。

3. 发生规律

橘小实蝇在华南地区每年发生9~12代，无明显的越冬现象，田间世代叠置。成虫羽化后需要经历较长时间的补充营养（夏季10~20 d；秋季25~30 d；冬季3~4个月）才能交配产卵，卵产于将近成熟的果皮内，每处5~10粒。每头雌虫产卵量400~1 000粒。卵期夏秋季1~2 d，冬季3~6 d。幼虫期在夏秋季需7~12 d，冬季13~20 d。幼虫在果实中取食果肉并发育成长，幼虫成熟后从果实中外出并入深度3~7 mm的土化蛹，蛹期夏秋季8~14 d，冬季15~20 d。成虫在土壤中羽化外出。

4. 防控技术

（1）严格检疫

防止幼虫随果实或蛹随园土传播。发现水果带该虫，即应销毁处理。

（2）人工防治

①捡拾虫害落果，摘除树上的虫害果，深埋处理（20 cm以下）或投入粪池沤浸。

②果实套袋，果实尚未进入开始成熟前在果实上套上不影响果实品质的袋状材料，防止橘小实蝇前来产卵。

（3）诱杀成虫

①橘小实蝇雄性引诱剂〔甲基丁香酚（Methyleugenol），简称Me〕，用棉花芯吸收后置于一种诱捕器内，诱捕器悬挂在1.5 m左右高的果树枝条上。

②水解蛋白毒饵，酵母蛋白：90%敌百虫：水按1：3：500的比例配制，在成虫发生期喷洒树冠。

（4）有条件的果园，可释放不育实蝇

将雄性不育成虫释放到果园，使其与果园中的雌性实蝇成虫交配，交配后的雌蝇产的卵无孵化能力，不能繁殖后代，从而使果园实蝇的发生数量得到控制。

（5）化学防治

①在90%敌百虫的1 000倍液中，加3%红糖制成毒饵喷洒树冠浓密阴蔽处，隔5 d喷1次，连续3~4次。

②幼虫入土化蛹或成虫羽化的始盛期，在树冠下用5%辛硫磷颗粒剂或10%二嗪磷颗粒剂撒施地面，或用50%二嗪农乳油1 000倍液喷洒树冠下，每隔7 d 1次，连续2~3次。

（六）卷蛾类害虫

1. 为害概况

卷叶蛾类害虫属鳞翅目（Lepidoptera）卷蛾科（Tortricidae），常见种类有三角新小卷蛾（*Olethreutes leucaspis* Meyrick）、拟小黄卷蛾（*Adoxophyes cyrtosema* Meyrick）等，以幼虫为害红毛丹树的幼叶和花穗，幼虫吐丝将嫩叶、花器结缀成团，或三五叶片牵结成束，躲在其中为害，为害严重时，红毛丹幼叶残缺破碎，花器残缺枯死脱落。

2. 常见种类

（1）三角新小卷蛾

成虫　体长7~7.5 mm，翅展17~18 mm。触角雌雄均为丝状，黑褐色，基部较粗。前翅在前缘约2/3处有1淡黄色三角形斑。后翅前缘从基角至中部灰白色，其余为灰黑褐色。

卵　长椭圆形，长0.52~0.55 mm，宽0.25~0.3 mm，正面中央稍拱起，卵表有近正六边形的刻纹。初产乳白色，将孵化时呈黄白色。

幼虫　初孵体长约1 mm，头黑色，胸、腹部淡黄白色，2龄起头呈黄绿或淡黄色，胸部淡黄绿色。老熟幼虫至预蛹期灰褐或黑褐色。头部单眼区黑褐色，两后颊下方各有一近长方形的黑色斑块。前胸背上有12根刚毛，中线淡白色。气门近圆形，周缘黑褐色。腹足前4对趾钩足三序环式，臀足（末对腹足）为三序横带。

蛹 长8~8.5 mm，宽2.3~2.5 mm，初蛹时全体淡黄绿色。复眼淡红色。第9~10腹节橘红色。中期头橘红色，复眼、中胸盾片漆黑色，翅芽和腹部黄褐至红褐色。

（2）拟小黄卷蛾

成虫 体黄色，长7~8 mm，翅展17~18 mm。头部有黄褐色鳞毛，下唇须发达，向前伸出。雌虫前翅前缘近肩角1/3处有较粗而浓黑褐色斜纹横向后缘中后方，在顶角处有浓黑褐色近三角形的斑。雄虫前翅后缘近肩角处有宽阔的近方形黑纹，两翅相合时成为六角形的斑点。后翅淡黄色，肩角及外缘附近白色。

卵 椭圆形，淡黄色，排列如鱼鳞状，上覆有胶质薄膜。椭圆形，纵径0.8~0.85 mm，横径0.55~0.65 mm，初产时淡黄色，后渐变为深黄色，孵化前变为黑色，卵聚集成块，呈鱼鳞状排列，卵块椭圆形，上方覆盖胶质薄膜。

幼虫 老熟幼虫体长11~18 mm，淡黄绿色，头部除第一龄黑色外，其余各龄均为黄色，前胸背板淡黄色。初孵时体长约1.5 mm，末龄体长为11~18 mm。头部除第一龄黑色外，其余各龄皆黄色。前胸背板淡黄色，3对胸足淡黄褐色，其余黄绿色。

蛹 黄褐色，纺锤形，长约9 mm，雄蛹略小。第十腹节末端具8根卷丝状钩刺，中间4根较长，两侧2根一长一短。

3.发生规律

三角新小卷蛾第1代发生于1—4月；第2代于4月上中旬化蛹；从4月下旬至11月上中旬发生的各世代，历期短，数量大，为害重。5—11月，卵期3~4 d；幼虫期（含预蛹）最长10~16 d；蛹期最长6.5~13 d。从卵化幼虫至羽化成虫历期最长18.5~32 d，平均24.4 d。11月中旬至翌年3月中旬，世代历期较长，幼虫期25~41 d，平均31.9 d；蛹期18.3~39 d，平均26.4 d；成虫寿命6~15 d。

拟小黄卷蛾在6月上旬至7月下旬时虫口数量呈下降趋势，至8月时很少看到幼虫；9月上旬至12月上旬幼虫开始回升，在10月中旬和11月中旬各达到一次高峰，11月下旬虫口开始下降；12月中旬至翌年5月下旬，虫口再次开始回升。

4.卷蛾类害虫防控技术

（1）农业防治

控制冬梢，剪除幼虫越冬寄生植物的嫩梢，减少越冬虫口基数。

（2）生物防治

受卷蛾为害严重的地区，最好于荔枝花期、卷蛾卵期释放松毛虫赤眼蜂（*Trichogramma dendrolimi* Matsumura）2~3批，每次每树放蜂1 000~2 000头。

（3）化学防治

在盛花前或谢花后幼虫盛孵期，即大量低龄幼虫出现时，选用20%杀灭菊酯3 000倍液，或2.5%高效氯氟氰菊酯3 000倍液，或10%高效灭百可（顺式氯氰菊酯）5 000倍液喷雾，10~14 d后再喷一次。

（七）荔枝尖细蛾（*Conopomorpha litchiella* Bradley）

1.为害概况

为害红毛丹的荔枝尖细蛾（*Conopomorpha litchiella* Bradley）

属鳞翅目（Lepidoptera）细蛾科（Gracilariidae），以幼虫钻蛀为害叶片、嫩梢和花穗，除蛀食叶片中脉外，还蛀食叶肉，留下表皮呈枯袋状，造成花枯死梢、叶片变枯破裂。该虫不为害果实。

2. 形态特征

成虫　翅展约8.5 mm，头赭白色，触角基部常有一黑斑。触角稍比前翅长，淡褐色，鞭节各节基部白色。领片白色间有褐色，胸部和翅基赭白色、前半部常杂有褐色。前翅4/5基部灰黑色，3/5翅中部有5条相间的白色横线构成"W"形纹，两翅相并构成"爻"字纹，1/5翅基部有若干个不规则的白色斑，肩角处散布有数块特别黑的鳞片；1/5翅端部橙黄色，其中间及末端各有一个银灰色光泽斑，近基部的银灰色光泽斑两侧于近前缘处与两条几乎平行的黑色纹相接、构成两条凸纹，翅最末端有一深黑色小圆点。后翅暗灰色，缘毛灰色三翅腹面暗灰色，末端色稍淡。

卵　圆形或椭圆形扁平，直径为0.2～0.3 mm，卵壳上有不规则网状花纹，外被透明薄膜，略能反光。初产时乳白色透明，近孵化时淡黄色。

幼虫　1～2龄为扁平、无足，3～6龄为扁圆筒状、具足。老熟幼虫中、后胸腹板中央各有一楔状小骨片；后胸背板及第1至8腹节的背板和腹板中央各有一个心形斑，其上有不很规则的纵纹。

蛹　初期青绿色，后转为黄褐色，近羽化时为灰黑色。

3. 发生规律

1年发生约10代，世代重叠，8—9月发生量最大，夏梢及秋梢抽发期为害最为严重。以幼虫在枝梢内越冬，翌年3月中、下旬陆续由枝梢内爬出，在附近叶片上迅速结茧化蛹，于3月下旬

至4月上旬羽化，雌成蛾即在春梢或嫩叶上产卵。

4. 防控技术

（1）农业措施

适时促秋梢、控冬梢，短截早熟品种的花穗，可减少越冬虫源。

（2）化学防治

在嫩叶嫩梢发生为害时，用25%灭幼脲1 500倍，或20%除虫脲2 500～3 000倍，或20%杀铃脲悬浮剂3 000倍，或10%氯虫苯甲酰胺3 000倍等喷雾。

（八）蓑蛾类害虫

1. 为害概况

为害红毛丹的蓑蛾类害虫属鳞翅目（Lepidoptera）蓑蛾科（Psychidae），它们以幼虫的头胸部伸出护囊外咬食红毛丹的叶片、嫩枝外皮和幼芽，发生严重时，可把叶片食光，导致果树枯萎。常见的有大蓑蛾（*Clania variegata* Snellen）、茶蓑蛾（*Cryptothelea minuscula* Heylaerts）、小蓑蛾（*Clania minasula* Butle）等。

2. 常见种类

（1）大蓑蛾

成虫　雌雄异型。雌成虫体肥大，淡黄色或乳白色，无翅，足、触角、口器、复眼均有退化，头部小，淡赤褐色，胸部背中央有了条褐色隆基，胸部和第1腹节侧面有黄色毛，第7腹节后缘有黄色短毛带，第8腹节以下急骤收缩，外生殖器发达。雄成虫为中小型蛾子，翅展35～44 mm，体褐色，有淡色纵纹。前翅红褐色，有黑色和棕色斑纹。后翅黑褐色，略带红褐色；前、后翅中室内中脉叉状分支明显。

卵　椭圆形，直径0.8～1.0 mm，淡黄色，有光泽。

幼虫　雄虫体长18～25 mm，黄褐色，护囊长50～60 mm；雌虫体长28～38 mm，棕褐色，护囊长70～90 mm。头部黑褐色，各缝线白色；胸部褐色有乳白色斑；腹部淡黄褐色；胸足发达，黑褐色，腹足退化呈盘状，趾钩15～24个。

蛹　雄蛹长18～24 mm，黑褐色，有光泽；雌蛹长25～30 mm，红褐色。

护囊　老熟幼虫袋囊长40～70 mm，丝质坚实，囊外附有较大的碎叶片，也有少数排列零散的枝梗。

（2）茶蓑蛾

成虫　雄蛾体长11～15 mm，翅展长达20～30 mm。身体与翅膀均为深褐色。雌虫体长12～16 mm，蛆状。头小，腹部肥大，褐色。

卵　椭圆形，长约0.8 mm，宽0.6 mm。乳黄白色。

幼虫　共6龄，少数7龄。成长幼虫体长16～26 mm。头黄褐色，胸腹部内黄色，背部色泽较暗，胸部背面有褐色纵纹两条，每节纵纹两侧各有褐色斑一个。

蛹　雄蛹长11～13 mm，咖啡色。雌蛹长14～18 mm，咖啡色，蛆状，头小。

护囊　雌虫护囊长约30 mm，雄虫护囊长约25 mm。有许多排列整齐的小枝梗黏附在外面。

（3）小蓑蛾

成虫　雌雄异态，雌成虫体长8 mm左右，纺锤形，无翅，足退化，似蛆状，头小，褐色，胸腹黄白色。雄成虫体长约4 mm，翅展11～13 mm，体茶褐色，体表被有白色鳞毛。

卵　椭圆形，乳黄色。

幼虫　体长9 mm左右，中后胸背面各有4个黑褐色斑，以中间的两个斑纹较大，腹部第8节背面有2个褐色斑点。

蛹　褐色，腹末有2根断刺。护囊纺锤形，囊外附有碎叶片和小枝，囊端有1根细丝与枝叶相连，雌囊长约12 mm，雄囊短于雌囊。

护囊　纺锤形，枯褐色。成长幼虫的护囊长25～30 mm。护囊以丝缀结叶片、枝皮碎片及小枝梗而成，枝梗整齐地纵列于囊的最外层。

3. 发生规律

大蓑蛾1年发生1代，以老熟幼虫在护囊中越冬。翌年3月下旬开始化蛹，4月底5月初为成虫羽化盛期，雌蛾多于雄蛾，雄蛾羽化后离开护囊，寻觅雌蛾；雌成虫羽化后不离开护囊，在黄昏时将头胸伸出囊外，吸引雄蛾，交尾时间多在13：00—20：00点。雌成虫将卵产在护囊内，每雌可产3 000～6 000粒。幼虫孵化后立即吐丝造囊。初龄幼虫有群居习性，并能吐丝下垂，随风扩散。幼虫在3～4龄开始转移，分散为害。9月底至10月初幼虫在囊内越冬。

茶蓑蛾多以3～4龄幼虫（少数老熟幼虫）在枝叶上的护囊内越冬。气温10℃左右时，越冬幼虫开始活动和取食，5月中下旬后幼虫陆续化蛹，6月上旬至7月中旬成虫羽化并产卵。雄蛾喜在傍晚或清晨活动，靠性引诱物质寻找雌蛾，雌蛾羽化翌日即可交配。雌蛾交尾后1～2 d产卵，每雌平均产676粒，个别高达3 000粒。雌蛾寿命12～15 d，雄蛾2～5 d，卵期12～17 d，雌蛹期10～22 d，雄蛹期8～14 d。

小蓑蛾年发生2代。以幼虫在囊内粘在枝条上越冬。翌年5月开始化蛹，蛹期15 d。雌成虫产卵于囊内，卵期7 d左右。田间6—10月可见各虫态。

4. 蓑蛾类害虫防控技术

（1）农业防治

人工摘除蓑蛾护囊中，集中处理。

（2）生物防治

保护和利用天敌如捕食性的蜘蛛、螳螂、猎蝽和鸟类等，寄生性天敌有姬蜂类、小蜂类、寄生真菌和细菌等。为害较严重时，可施用白僵菌或Bt制剂500倍液。

（3）化学防治

于晴天或阴天下午喷施20%灭幼脲悬胶剂1 000～2 000倍液，或2.5%溴氰菊酯乳油2 000～3 000倍液等。

（九）刺蛾类害虫

1. 为害概况

为害红毛丹的刺蛾类害虫属鳞翅目（Lepidoptera）刺蛾科（Limacodidae），常见种类有绿丽刺蛾［*Parasa lepida*（Cramer）］、褐边绿刺蛾（*Paraasa consocia* Walker）等，它们以幼虫咬叶片为害，造成缺刻。

2. 常见种类

（1）绿丽刺蛾

成虫 体长10～17 mm，翅展35～40 mm，头顶、胸背绿色。胸背中央具1条褐色纵纹向后延伸至腹背，腹部背面黄褐色。触角雌蛾线状，雄蛾双栉齿状。前翅绿色，肩角处有1块深褐色尖刀形基斑，外缘具深棕色宽带。后翅浅黄色，外缘褐色。

前足基部有一绿色圆斑。

卵　扁平光滑，椭圆形，浅黄绿色。

幼虫　末龄幼虫体长25 mm，粉绿色。身被刚毛，背面稍白，背中央具紫色或暗绿色带3条，亚背区、亚侧区上各具一列带短刺的瘤，前面和后面的瘤红色。

蛹茧　棕色，较扁平，椭圆或纺锤形。

（2）褐边绿刺蛾

成虫　体长15～16 mm，翅展36 mm。雌虫触角褐色，丝状，雄虫触角基部2/3为短羽毛状。胸部中央有1条暗褐色背线。前翅大部分绿色，基部暗褐色，外缘部灰黄色，其上散布暗紫色鳞片，内缘线和翅脉暗紫色，外缘线暗褐色。腹部和后翅灰黄色。

卵　扁椭圆形，长1.5 mm，初产时乳白色，渐变为黄绿至淡黄色，数粒排列成块状。

幼虫　末龄体长约25 mm，略呈长方形，圆柱状。初孵化时黄色，长大后变为绿色。头黄色，非常小，常缩在前胸内。前胸盾上有2个横列黑斑，腹部背线蓝色。胸部第2至末节每节有4个毛瘤，其上生一丛刚毛，第四节背面的1对毛瘤上各有3～6根红色刺毛，腹部末端的4个毛瘤上生蓝黑色刚毛丛，呈球状；背线绿色，两侧有深蓝色点。腹面浅绿色。胸足小，无腹足，第1至7节腹面中部各有1个扁圆形吸盘。

蛹　长15 mm，椭圆形、肥大、黄褐色。包被在椭圆形棕色或暗褐色长约16 mm，似羊粪状的茧内。

3.发生规律

绿丽刺蛾1年生2代，以老熟幼虫5月上旬化蛹，5月中旬至6月上旬成虫羽化并产卵。雌蛾喜欢产在叶背上，10余粒或数十粒排列成鱼鳞状卵块，上覆一层浅黄色胶状物。每雌产卵期

2 ~ 3 d，产卵量100 ~ 200粒。成虫有趋光性，低龄幼虫群集，3 ~ 4龄开始分散，共8 ~ 9龄。

褐边绿刺蛾成虫昼伏夜出，有趋光性，羽化后即可交配、产卵，卵多成块产于叶背，每块有卵数十粒作鱼鳞状排列。低龄幼虫有群集性，稍大分散活动为害。

4. 刺蛾类害虫防控技术

（1）农业防治

及时摘除幼虫群集的叶片；成虫羽化前摘除虫茧，消灭其中幼虫或蛹；结合整枝、修剪、除草和冬季清园、松土等，清除枝干上、杂草中的越冬虫体，破坏地下的蛹茧，以减少下代的虫源。

（2）物理防治

利用黑光灯诱杀成虫；利用成蛾有趋光性的习性，可结合防治其他害虫，在6—8月掌握在盛蛾期，设诱虫灯诱杀成虫。

（3）生物防治

每克含孢子100亿的白僵菌粉0.5 ~ 1 kg在叶片潮湿条件下防治1 ~ 2龄幼虫；秋冬季摘虫茧，放入纱笼，保护和引放寄生蜂（如紫姬蜂）、寄生蝇。

（4）化学防治

防治时期是幼虫发生期，药剂有50%辛硫磷乳油1 400倍液，或10%天王星乳油5 000倍液，或20%菊马乳油2 000倍液，或20%氯马乳油2 000倍液。

（十）象甲类害虫

1. 为害概况

为害红毛丹的象甲类害虫属鞘翅目（Coleoptera）象甲科（Curculionidae），以成虫咬食叶片为害，老叶受害常造成缺刻；嫩叶受害严重时被吃得精光；嫩梢被啃食成凹沟，严重时萎蔫枯死。常见的有绿鳞象甲（*Hypomeces squamosus* Herbst）、柑橘灰象（*Sympiezomias citri* Chao）。

2. 常见种类

（1）绿鳞象甲

成虫　体长15～18 mm，体黑色，体表密披墨绿、淡绿、淡棕、古铜、灰、绿等反光鳞毛，有时杂有橙色粉末。头、喙背面扁平，中间有一宽而深的中沟，复眼突出，前胸背板后缘宽，前缘狭，中央有纵沟。小盾片三角形。雌虫腹部较大，雄虫较小。

卵　椭圆形，长约1 mm，黄白色，孵化前呈黑褐色。

幼虫　初孵时乳白色，后黄白色，长13～17 mm，体肥表多皱，无足。

蛹　长约14 mm，黄白色。

（2）柑橘灰象

成虫　体密被淡褐色和灰白色鳞毛。头管粗短，背面漆黑色，中央1条凹纵沟，从喙端直达头顶，其两侧各有1浅沟，伸至复眼前面，前胸长略大于宽，两侧近弧形，背面密布不规则瘤状突起，中央有宽大的漆黑色纵斑，斑中央具1条细纵沟，每鞘翅上各有10条由刻点组成的纵行纹，鞘翅中部横列1条灰白色斑纹，鞘翅基部灰白色。雌成虫鞘翅端部较长，合成近"V"形，腹部末节腹板近三角形。雄成虫两鞘翅末端钝圆，合成近"U"形。末节腹板近半圆形。

卵　长筒形而略扁，乳白色，后变为紫灰色。

幼虫　末龄幼虫体乳白色或淡黄色。头部黄褐色，头盖缝中间明显凹陷。背面中间部分略呈心脏形，有刚毛3对，两侧部分各生1根刚毛，于腹面两侧骨化部分之间，位于肛门腹方的一块较小，近圆形，其后缘有刚毛4根。

蛹　长7.5～42 mm，淡黄色头管弯向胸前，上额似大钳状，前胸背板隆起，腹部背面各节横列6对刚毛，腹末具黑褐色刺1对。

3. 发生规律

（1）绿鳞象甲

在华南地区年发生2代，云南西双版纳6月进入羽化盛期，广东、海南终年可见成虫为害。成虫白天活动，飞翔力弱，善爬行，有群集性和假死性，出土后爬至枝梢为害嫩叶，能交配多次。卵单粒散产在叶片上，产卵期80余天，每雌产卵80多粒。幼虫孵化后钻入土中10～13 cm深处取食杂草或树根。幼虫期80余天。幼虫老熟后在6～10 cm土中化蛹，蛹期17 d。

（2）柑橘灰象

一年发生1代，以成虫在土壤中越冬。翌年3月底至4月中旬出土，4月中旬至5月上旬是为害高峰期，5月为产卵盛期，幼虫孵化后即落地入土，深度为10～50 cm，取食植物幼根和腐殖质。5月中、下旬为卵孵化盛期。成虫刚出土时不太活泼，假死性强。

4. 象甲类害虫防控技术

（1）农业防治

结合秋末施基肥，耕翻土壤，破坏幼虫在土中的生存环境，冬季浅耕破坏成虫的越冬场所；在成虫发生期，利用其假死性进行人工捕捉，先在树下铺塑料布，振落后收集消灭。

（2）生物防治

喷洒每毫升含0.5亿活孢子的白僵菌对该虫具有一定的防效。

（3）化学防治

3月底至4月初成虫出土时，在地面喷洒50%辛硫磷乳油200倍液，成虫盛发期树上喷2.5%溴氰菊酯乳油乳油1 500倍液，或2%阿维菌素2 000倍液。

（十一）金龟子类害虫

1. 为害概况

为害红毛丹的金龟子类害虫属鞘翅目（Coleoptera），常见的种类有鳃金龟科（Melolonthidae）的华脊鳃金龟（*Holotrichia sinensis* Hope）、丽金龟科（Rutelidae）的铜绿丽金龟（*Anomala corpulenta* Motschulsky）等，均以成虫咬食红毛丹叶片，造成缺刻，影响光合作用；幼虫在土壤中啃食根部，影响树的长势。

2. 常见种类

（1）华脊鳃金龟

成虫　体长19.5～23 mm。宽9.8～11.8 mm。长椭圆形，棕红或棕褐色。触角10节，鳃片部3节，短小。前胸背板宽大，布致密刻点，点间成纵皱，两侧各有1个深色小坑；前缘边框光滑，侧缘于后部2/3处强度钝角状扩突，前侧角近直角形，后侧圆弧形。小盾片近半圆形。鞘翅有4条纵脊。前足胫节外缘3齿；后足胫节后棱有齿突4个，距离匀称，前3齿突较弱小；后足跗节第1、2节长约相等。

卵　光滑，椭圆形，乳白色。

幼虫　老熟体长约30 mm，体乳白色，弯成"C"形，头黄褐色，近圆形。

蛹　体长约22 mm，椭圆形，裸蛹，褐色。

（2）铜绿丽金龟

成虫 体长19～21 mm，触角黄褐色，鳃片状。前胸背板及鞘翅铜绿色具闪光，上面有细密刻点。鞘翅每侧具4条纵脉，肩部具疣突。前足胫节具2外齿，前、中足大爪分叉。

卵 光滑，呈椭圆形，乳白色。

幼虫 老熟体长约32 mm，体乳白色，头黄褐色，近圆形，前顶刚毛每侧各为8根，成一纵列；后顶刚毛每侧4根斜列。额中例毛每侧4根。肛腹片后部复毛区的刺毛列，列各由13～19根长针状刺组成，刺毛列的刺尖常相遇。刺毛列前端不达复毛区的前部边缘。

蛹 裸蛹，体长约20 mm，宽约10 mm，椭圆形，土黄色，雄末节腹面中央具4个突起，雌则平滑，无此突起。

3. 发生规律

华脊鳃金龟1年发生1代，成虫羽化盛期在5—6月，多在无风闷热的晚上羽化出土，白天潜隐于土壤或附近的寄主植物，晚上出来取食、交尾、产卵。每条雌虫产卵数十粒，散产于5～10 cm的土层内，幼虫多在15 cm土壤深度内活动、取食。成虫有假死性，震动寄主时，成虫落地伪死5～15 min才爬动，有较强的趋光性。

铜绿丽金龟1年发生一代，以老熟幼虫越冬。翌年春季越冬幼虫上升活动，5月下旬至6月中下旬为化蛹期，7月上中旬至8月是成虫发育期，7月上中旬是产卵期，7月中旬至9月是幼虫为害期，10月中旬后陆续进入越冬。幼虫在春、秋两季为害最烈。成虫夜间活动，趋光性强。

4. 金龟类害虫防控技术

（1）农业防治

施用腐熟的有机肥；适当翻整果园土壤，清除土壤内幼虫蛴螬；成虫发生期，人工捕杀成虫；春季翻树盘也可消灭土中的幼虫。

（2）生物防治

绿僵菌或白僵菌粉剂、苏云金杆菌（Bt）、昆虫病原线虫、乳状菌等浇淋根部或浇拌有机肥，对金龟子有明显的抑制作用。

（3）化学防治

发生期危害时采取如下措施。①在树冠上喷施2.5%溴氰菊酯乳油，或12.5%高效氟氯氰菊酯乳油2 000～3 000倍。②在树冠下撒施5%辛硫磷或5%毒死蜱颗粒剂，浅锄入土，可毒杀大量潜伏在土中的成虫和幼虫。

（十二）黑蕊尾舟蛾（*Dudusa sphingformis*）

1. 为害概况

黑蕊尾舟蛾（*Dudusa sphingformis*）属鳞翅目（Lepidoptera）舟蛾科（Notodontidae），以幼虫咬食红毛丹新梢嫩叶，常把幼叶的叶肉和叶脉一并食光。

2. 形态特征

（1）成虫

体长23～37 mm；翅展雄虫翅长70～83 mm、雌成虫翅长86～89 mm。头和触角黑褐色。触角呈双栉状，雄蛾分枝比雌蛾长，尾端线形。前翅灰黄褐色，基部有1黑点，前缘有5～6个暗褐色斑点，从翅顶到后缘近基部的暗褐色略呈1个大三角形斑；亚基

线、内线和外线灰白色。内线呈不规则锯齿形，外线清晰，斜伸双曲形。亚端线和端线均由脉间月牙形灰白色形组成。缘毛暗褐色。后翅暗褐色，前缘基部和后角灰褐色，亚端线和端线同前翅。

（2）幼虫

体色除柠檬黄，还有赭红、赭黄等变异，第1腹节气门后方有1个圆形大白斑。

3. 发生规律

一般于5—6月以幼虫为害红毛丹嫩叶。幼虫静止时靠第2～4腹足固着叶柄或枝条，前、后端翘起如龙舟，受惊后前端不断颤动以示警戒。老熟幼虫钻入表土层化蛹，预蛹期4～5 d，蛹期20多天，于7月下旬陆续羽化。

4. 防控技术

在低龄幼虫发生为害时，用38%甲维盐·辛乳油800～1 500倍液喷雾防治。

第十一章

红毛丹产业发展前景

一、发展政策优势

在农业农村部印发的《全国乡村产业发展规划（2020—2025年）》中明确指出，乡村特色产业是乡村产业的重要组成部分，是地域特征鲜明、乡土气息浓厚的小众类、多样性的乡村产业，发展潜力巨大。2022年海南省《热带优异果蔬资源开发利用规划（2022—2030）》中把红毛丹作为特色产业重点推进项目之一；2021年海南保亭县人民政府把红毛丹列为"保亭柒鲜"重点培育产业之一。

因此，在地方乡村振兴中，红毛丹作为特色鲜明，区域性强的热带特色优稀水果之一，在促进地方经济发展中发挥着重要作用，是名副其实的热带特色高效农业种业组成部分之一。

二、发展市场优势

近几年，我国热带水果的需求量大大增加，随着市场设施和运销技术的改善，热带水果的消费者范围大大扩展。红毛丹作为享有"热带果王"之誉的热带特色水果，口感独特，具有很高的观赏价值、药用价值和食用价值，是老幼皆宜的上等水果。我国是14亿人口的消费大国，目前红毛丹全国种植面积仅4万亩左右，99%分布在海南，产量约2.55万t，平均每年每人仅吃得到1颗红毛丹果实，市场需求量极大。2016—2020年5年间，平均每年进口1 494 t，仍然满足不了国内市场的需求。

红毛丹作为海南省保亭县黎族苗族自治县的传统水果，有了地标加持，红毛丹销量和价格得到了极大的提高。在正常管理情况下，红毛丹出园收购价5元/kg左右，通过推进农业品牌建设，保亭红毛丹获得了农业农村部农产品地理标志认证，加上产业链延长、附加值提高，以及包装宣传、组织活动等，保亭红毛丹价格涨到了24～30元/kg，进口的果实与本土种植的红毛丹果实相比，由于远销果实未成熟便采摘，加上远途损耗，果实品质和新鲜度无法媲美本土树上自然成熟采摘的果实。因此，即使在海南自贸港封关"零关税"以后，这一优势依然存在。

三、发展区域优势

红毛丹在国际上的分布：红毛丹的种植在亚洲热带地区最为广泛，包括泰国、马来西亚、越南、中国南部、缅甸、柬埔寨、印度尼西亚、菲律宾、斯里兰卡和巴布亚新几内亚。据报道，热带美洲（哥伦比亚、厄瓜多尔、洪都拉斯、哥斯达黎加、特立尼达和古巴）、南部非洲（扎伊尔、南非、毛里求斯和马达加斯加）和澳大利亚也有种植。目前世界上红毛丹种植面积约为14万hm^2，产量约为180万t。泰国、马来西亚和印度尼西亚是最大的红毛丹生产国，总计占全球红毛丹供应量的97%。

红毛丹在国内分布：海南保亭、陵水、万宁、五指山、琼中县、屯昌县、五指山市、三亚、乐东、儋州等市县。云南的西双版纳、台湾南部。

因此，红毛丹种植业区域受限，国内不可能大规模发展，仅有区的局部地区可以种植，区位优势明显。

四、红毛丹文化

红毛丹在泰国被称为"果王"，也有人称它是泰国水果界的"公主"。

另外，红毛丹在马来西亚、越南等东南亚国家可作为邮票标志图（图11-1，图11-2）。

图11-1　马来西亚红毛丹邮票　　图11-2　越南红毛丹邮票

海南省保亭县每年组织一次红毛丹文化节活动（图11-3）。
海南日报上也有红毛丹相关报道（图11-4）。

图11-3　保亭县委书记穆克瑞出席红毛丹文化节（周兆禧　摄）

图11-4　海南日报报道

五、存在问题与对策

（一）红毛丹新品种选育滞后，现有品种满足不了市场需求

海南自20世纪60年代引进红毛丹以来，培育了一大批红毛丹实生苗，从中选育出了一批经济性状好、适应当地环境的品系，并采用空中压条和嫁接等无性繁殖方法进行繁育。现主要品种（系），如'BR-1''BR-2''BR-3''BR-4''BR-5''BR-6''BR-7''BR-8'和'BR-9'等，而'BR-7'目前得到广泛推广种植。在现有红毛丹品种中，未选育出果肉完全离核或无核的优质新品种，与原产马来西亚等国家的优质品种还有一定差距。

对策：以海南省《热带优异果蔬资源开发利用规划（2022—2030）》实施为契机，加强在原产国引进红毛丹优良品种资源，加强品种选育，培育出更优质、高产、适销的优良品种；加强基础性长期性的育种科研投入，以项目为抓手整合红毛丹育种科研队伍，有效实施育种资源（种质资源）共享，育种工作共做，科研成果共享，这样才能有效打破各自为阵、工作碎片化的局面。

（二）红毛丹标准化栽培技术滞后，导致果实品质受影响且种植成本增加

主要表现为，一是管理者对发展红毛丹的认识不够深，信心不足，管理效果较差，直接影响红毛丹的正常发展。二是在种苗生产方面管理不善，品种混杂，低产劣质果园较多。三是选地不规范、没有营造防风林、生产管理措施不配套。四是大部分果园投入不到位，管理条件差，影响红毛丹的正常生长。五是很多果园是20世纪90年代种植，都是以高大树冠为主，不仅在管理过程带来了耗工，增加了生产成本，且对于台风频发的种植区台风危害严重。

对策：一是加强红毛丹节本增效、良种良苗繁育、水肥一体化、病虫害综合防控等技术研发和矮化密植模式优化。二是加强红毛丹种苗繁育、高效栽培等技术标准的制定。三是加强农业科技成果的推广应用，组织果农实施标准化管理，政府和单位可以通过多组织专家讲课、举办红毛丹栽培技术培训班，召开高产果园现场会，技术员请到田间地头等办法，提高管理水平。

（三）红毛丹果实保鲜技术滞后，导致果品货架期短且满足不了市场需求

红毛丹果实保鲜期不能有大幅度的提高，不能适应大批产品

上市后的长途运输，红毛丹的毛刺颜色直接影响果实新鲜度，采后1～2 d，果实上毛刺失水，直接影响到果实外观品质，导致货架期不长。

对策：加强红毛丹采后保鲜技术研发，尤其是在物流发达的今天，要加强便携式果实保鲜技术研发与科技成果转化，有效提高红毛丹果实保鲜期，适度延长货架期。

参考文献

何子育，吕小舟，2009. 红毛丹高产栽培技术[M]. 海口：海南出版社.

减小平，井涛，葛宇，等，2018. 滴灌增施镁肥对红毛丹产质量及经济效益的影响[J]. 贵州农业科学，46（6）：24-27.

减小平，林兴娥，戴敏洁，等，2016. 滴灌施肥对红毛丹产量、养分吸收利用和土壤肥力的影响[J]. 灌溉排水学报，35（8）：83-86.

林兴娥，牛俊海，陈莹，等，2019. 基于SSR标记的68份红毛丹种质资源DNA指纹图谱构建[J]. 热带作物学报，40（4）：708-714.

林兴娥，牛俊海，明建鸿，等，2019. 红毛丹种子储藏及发芽试验初报[J]. 园艺与种苗，39（3）：16-23.

林兴娥，牛俊海，周兆禧，等，2017. 红毛丹ISSR-PCR反应体系优化及引物筛选[J]. 中国南方果树，46（4）：75-80.

林兴娥，周兆禧，戴敏洁，等，2016. 海南红毛丹栽培品系果实矿质元素和品质指标的测定与相关性分析[J]. 热带农业科学，36（10）：65-69.

林兴娥，周兆禧，葛宇，等，2015. 海南岛红毛丹栽培品系资源主要果实性状的比较分析[J]. 基因组学与应用生物学，34（9）：1993-2002.

龙兴桂，冯殿齐，苑兆和，等，2020. 中国现代果树栽培[M]. 北京：中国农业出版社.

吕小舟，2019. 保亭县红毛丹栽培管理技术[J]. 农业科技通讯（5）：306-308.

王春燕，谭文丽，王宁，等，2018. 影响红毛丹花芽分化的因素[J]. 热带农业科学，38（7）：29-39.

殷小兰，减小平，蔡凯，等，2017. 海南省红毛丹水肥一体化技术与应用[J]. 现代农业科技（23）：75-78.

藏小平，林兴娥，丁哲利，等，2015. 滴灌施肥对红毛丹产量、品质及经济效益的影响[J]. 中国农学通报，31（25）：113-117.

周兆禧，牛俊海，马蔚红，等，2018. 基于ISSR和SRAP标记的69份红毛丹种质资源DNA指纹图谱构建[J]. 中国南方果树，47（5）：23-29.

LAM P E，KOSIYACHINDA S，1987. Rambutan Fruit Development，Postharvest Physiology and Marketing in ASEAN[M]. Malaysia：Kuala Lumpur.

MUCHJAJIB S，1988. Flower initiation，fruit set and yield of Rambutan（*Nephelium lappaceum* L.）var.'Roengrean'sprayed with Sadh，Paclobutrazol and Ethephon[M]. The Philippines：Laguna College.

ONG H T，1976. Climatic changes in water balances and their effects on tropical flowering in rambutan[J]. Planter Kuala Lumpur，52：174-179.

SHAARI A R，SHAMSUDIN O M，ZAINAL A M，1983. Aspects on research and production of rambutan in Malaysia[C]//Schrimer A ed. Promoting Research on Tropical Fruits by National Agricultural Research Systems in Asia and the Pacific. Berlin：German Foundation for International Development：186-193.

TINDALL H D，MENINI U G，HODDER A J，1994. Rambutan cultivation[M]. Italy：Food and Agriculture Organization of the United Nations Rome.

WHITEHEAD D C，1959. The rambutan：a description of the characteristics and potential of the more important varieties[J]. Malayan Agricultural Journal，42（2）：53-75.

红毛丹嫁接苗生产技术规程

ICS 65.020.20
CCS B 31

DB46

海 南 省 地 方 标 准

DB46/T605—2023

红毛丹嫁接苗生产技术规程

Technical code of practice for grafting seedling of rambutan

2023-06-08 发布　　　　　　　　2023-07-15 实施

海南省市场监督管理局　发布

前　言

本文件按照《标准化工作导则　第1部分：标准化文件的结构和起草规则》（GB/T 1.1—2020）的规定起草。

请注意本文件的某些内容有可能涉及专利。本文件的发布机构不承担识别这些专利的责任。

本文件由海南省农业农村厅提出并归口。

本文件起草单位：中国热带农业科学院海口实验站、海南省农垦科学院集团有限公司、海南省保亭热带作物研究所、保亭通心乡创种养殖农民专业合作社。

本文件主要起草人：周兆禧、林兴娥、崔志富、刘咲顿、明建鸿、陈波。

红毛丹嫁接苗生产技术规程

1 范围

本文件规定了红毛丹嫁接苗生产中苗圃地选择与规划建设、品种选择、砧木苗培育、嫁接苗培育、苗木出圃、育苗档案管理等技术要求。

本文件适用于红毛丹嫁接苗生产。

2 规范性引用文件

下列文件中的内容通过文中的规范性引用而构成本文件必不可少的条款。其中，注日期的引用文件，仅该日期对应的版本适用于本文件；不注日期的引用文件，其最新版本（包括所有的修改单）适用于本文件。

GB/T 8321.7—2002（所有部分） 农药合理使用准则

LY/T 1185—2013 苗圃建设规范

NY/T 496—2010 肥料合理使用准则 通则

NY/T 1276—2007 农药安全使用规范 总则

NY/T 5010—2016 无公害农产品 种植业产地环境条件

3 术语和定义

本文件没有需要界定的术语和定义。

4 苗圃地选择与规划建设

4.1 苗圃地选择

年平均气温24 ℃以上，最冷月均温>19 ℃，极端最低气温>5 ℃，年日照时数≥1 870.3 h。宜选择交通便利、水源充足、排灌方便、背风向阳的缓坡地或平地作育苗地。苗圃地环境质量符合《无公害农产品　种植业产地环境条件》（NY/T 5010—2016）的规定。

4.2　苗圃规划

根据苗圃地规模、地形地势规划道路系统（主干道、支道和田间小道）、排灌系统、荫棚和生产管理用房等辅助设施。生产用地不低于苗圃总面积的75%，并规划为播种区和育苗区。苗圃建设应符合《苗圃建设规范》（LY/T 1185—2013）的规定。

4.3　苗圃建设

4.3.1　育苗床准备

育苗区犁翻晒白后反复犁耙1～2次并耙平，起垄，垄面宽80～100 cm，高10～20 cm，垄间距20～30 cm。

4.3.2　催芽床准备

在播种区建设沙床，沙床一般高15～20 cm，宽100 cm，长度根据实际需要以方便工作为度，铺沙厚度5～10 cm。沙床走向根据地势确定，以利于排水为宜。播种前在沙床上和周围进行防虫消毒，用80%敌百虫可溶性粉剂800～1 000倍液喷杀一次，50%多菌灵可湿性粉剂800～1 000倍液喷杀一次。

4.3.3　荫棚搭建

在播种区和育苗区搭建荫棚，高2～2.5 m，宽度和长度因地形、地势而定。棚顶覆盖遮阳网，遮光度为50%。

5 品种选择

5.1 砧木选择

选择亲和力强、抗性强、种子来源方便的品种或类型作砧木。

5.2 品种选择

选择优质、高产、高抗、适销的优良品种作接穗，主要栽培品种特征特性见表A1-1，果实实物见图A1-1。

6 砧木苗培育

6.1 种子采集与调制

采摘充分成熟的果实，剥去果皮、果肉，清水洗净种子，选择粒大、饱满的种子，于阴凉处晾干，不宜暴晒。

6.2 种子保存

提倡随采、随处理、随播。如需短期保存，晾干种子表面水分，将种子与湿沙容积比1∶3混合后于阴凉处保存2~3 d。

6.3 播种催芽

推荐种子播种催芽时期为每年7—8月。

种子采用5%高锰酸钾溶液，或0.3%硫酸铜溶液浸泡20 min，或70%甲基硫菌灵可湿性粉剂600~800倍液浸泡10 min，将清水冲洗后的种子平铺于沙床面上，并用平板将种子往下轻压，播种完毕在上面均匀铺一层1.5~2.0 cm厚的沙，淋足水分。

晴天高温时，每天淋水1~2次，保持沙床湿润。雨天及时排水。及时清除沙床杂草。

6.4　育苗容器

选择黑色聚乙烯塑料袋或无纺布袋作为育苗容器，规格为直径10～15 cm、高20～25 cm，底部有排水孔。

6.5　育苗基质配制

基质配方为充分腐熟农家肥（颗粒0.5～1.0 cm）或商品有机肥20%、红壤土（颗粒0.5～1.0 cm）80%，充分混匀。

6.6　基质装填和摆放

基质在装填前湿润，含水量10%～15%，装填后压实，将育苗袋整齐排放在垄上，按每垄宽放3～5株，将育苗容器2/3埋于苗床内。

6.7　芽苗移栽

6.7.1　移栽适期

沙床催芽后10～15 d，当芽长至5～10 cm，心叶未张开前为移栽适期。晴天移栽推荐每天9：00前和16：30后进行，阴天全天可移栽。

6.7.2　移栽方法

移栽时先淋湿沙床，再将带种子和苗根的芽苗轻轻从沙床上拔起，并移植到育苗袋里，每个育苗袋栽种1株。移栽时，用小木棍插出8～10 cm深的小洞，随即将幼芽的根植入洞内，填土盖至种子上1.5 cm左右，在芽头周围用手指轻轻将土压实，并淋透定根水。

6.8　砧木苗管理

6.8.1　查苗补苗

移栽5 d后，及时检查苗木，未成活的及时补苗。

6.8.2　光照调节

砧木苗遮阳至第一蓬新叶，待第一蓬新叶老熟后逐步打开遮阳网。

6.8.3　水分管理

移栽后保持容器袋内基质湿润，晴天早、晚各淋水一次，雨天及时排水。

6.8.4　施肥管理

当砧木苗抽生的第一次新梢老化后，即可开始施肥。每月薄施2~3次水肥，用0.05%~0.1%复合肥（15∶15∶15）溶液淋施。嫁接前一个月停止施肥。肥料施用应符合《肥料合理使用准则　通则》（NY/T 496—2010）的规定。

6.8.5　除草

及时人工拔除杂草。

6.8.6　病虫害防治

主要防治炭疽病、叶枯病、刺蛾类害虫等病虫害。

坚持"预防为主、综合防治"的植保方针，药剂防治按《农药合理使用准则》（GB/T 8321.7—2002）（所有部分）和《农药安全使用规范　总则》（NY/T 1276—2007）的规定执行。主要病虫害药剂防治方法见表A2-1。

7 嫁接苗培育

7.1 芽条采集

选择品种优良纯正、生长势健壮的结果树作为采集芽条的母树。在树冠外围的中、上部剪取生长充分成熟、芽眼饱满、无病虫害、粗细与砧木相近的枝条作为芽条，剪去叶片，保留叶柄。一般随采随嫁接。如需短期保存时，芽条用湿布包好置于阴凉处，保存期不超过3 d。

7.2 嫁接时期

每年12月中旬至翌年4月中旬，嫁接适宜温度为18～30 ℃。

7.3 嫁接方法

7.3.1 枝接法

可采用劈接、切接（顶接）等方法嫁接，推荐切接法。切接方法和步骤见图A3-1。嫁接时间应选择早晚或阴天，温度过高或低温阴雨天气不宜嫁接。

7.3.2 芽接法

推荐采用补片芽接法，该法适用于枝条易剥皮的时期。补片芽接方法和步骤见图A3-2。

7.4 嫁接苗管理

7.4.1 光照调节

嫁接后遮阳至接穗第二蓬新叶稳定后逐步打开遮阳网。

7.4.2 查苗补接

枝接后15 d左右检查成活情况，芽接后25～30 d检查成活情况，及时补接。

7.4.3　解绑与剪砧

补片芽接后30 d左右解绑，解绑后10 d左右，在芽接位上方5～8 cm处剪断砧木。枝接法的苗木待第一蓬新梢老熟后，解除薄膜带。

7.4.4　抹除砧木芽

及时除去砧木上的嫩芽。

7.4.5　水分管理

嫁接后15～20 d内保持袋内土壤湿润，接穗开始萌芽后要及时淋水。

7.4.6　施肥管理

接穗萌发生长的第一蓬梢老熟后，开始施稀薄的肥水，用每50 kg水加复合肥（15：15：15）0.1～0.2 kg溶解后淋施，每隔7～10 d淋施一次。

7.4.7　除草

及时人工拔除杂草。

7.4.8　病虫害防治

按6.8.6给出的规定。

7.4.9　炼苗

起苗前2～3 d停止灌水，15～20 d停止施肥。穿袋明显的苗木应提前断根。

8　苗木出圃

砧穗嫁接口愈合良好，苗木健壮，无病虫害，3～4蓬梢，苗

高50~60 cm，袋内土团结实。

出圃前剪除苗木末次嫩梢及穿过育苗袋的根系，并根据苗木蓬梢数、苗粗等进行适当分级。

9 育苗档案管理

建立育苗档案，记录有关育苗信息，育苗档案见表A4-1。育苗档案应由专人负责填写和保管，填列应保证准确、及时，填列后由苗圃负责人或技术人员审查签字，长期保存。

10 生产技术路线

生产技术路线见图A5-1。

A1 红毛丹主要栽培品种特征特性
（资料性）

红毛丹主要栽培品种特征特性见表A1-1，果实实物图见图A1-1。

表A1-1 红毛丹主要栽培品种特征特性

项目	品种名称				
	保研2号（BR-2）	保研6号（BR-6）	保研4号（BR-4）	保研7号（BR-7）	保研5号（BR-5）
熟性	早熟	早熟	中熟	早中熟	早熟
树形	圆头形	圆头形	矮伞形	圆头形	圆头形
枝条	疏	疏	密	密	疏
果形	近圆形	扁圆形	长圆形	近圆形	近圆形
果皮颜色	黄色	红色	红色	红色	红色
果皮厚度	薄	较厚	厚	厚	厚
刺毛	短、细且疏	粗、短且疏	长、细且密	粗、短而疏	粗、长且密
果肉	蜡黄色	蜡黄色	蜡黄色	蜡黄色	蜡黄色
肉核分离	半离核	离核	离核	离核	离核
种子形状	扁圆形	近长方形	长卵形	近圆形	扁方形
单果重（g）	49.9	38.4	39.2	44.3	43.0
可食率（%）	58.2	41.04	43.4~45.7	58.0	42.3

（续表）

项目	品种名称				
	保研2号 （BR-2）	保研6号 （BR-6）	保研4号 （BR-4）	保研7号 （BR-7）	保研5号 （BR-5）
总糖（%）	16.0	18.5	18.0	23.0	19.2
成熟期	6月下旬至 7月下旬	6月中下旬	7月上旬至 8月上旬	6月中下旬	7月中旬至 8月中旬
储藏性	不耐	耐	耐	中等	耐
丰产性	中等	高产	高产	高产	中等

A. 保研2号（BR-2）　　　　　　B. 保研6号（BR-6）

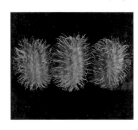

C. 保研4号（BR-4）　　　D. 保研7号（BR-7）　　　E. 保研5号（BR-5）

图A1-1　红毛丹主栽品种果实实物图

A2 红毛丹主要病虫害药剂防治方法

（资料性）

红毛丹主要病虫害药剂防治方法见表A2-1。

表A2-1 红毛丹主要病虫害药剂防治方法

防治对象	推荐药剂	施用浓度	施用时期	施用方法
炭疽病	50%苯菌灵可湿性粉剂	1 000倍	新梢萌动抽生时	每7～10 d喷一次，连续2～3次
	70%甲基硫菌灵可湿性粉剂	1 000倍		
	40%多菌灵可湿性粉剂	1 000倍		
	10%苯醚甲环唑水分散粒剂	1 000～1 500倍		
叶枯病	50%多菌灵可湿性粉剂	800～1 000倍	发病初期	每7～10 d喷一次，连续2～3次
	70%甲基硫菌灵可湿性粉剂	800～1 000倍		
	75%百菌清可湿性粉剂	500～800倍		
煤烟病	0.5%波尔多液	半量式	发病初期	每7～10 d喷一次，连续2～3次
	石硫合剂	0.3°Bé		
	75%百菌清可湿性粉剂	800～1 000倍		
	75%多菌灵可湿性粉剂	500～800倍		
蚧类害虫	5.7%甲氨基阿维菌素苯甲酸盐乳油	2 000倍	幼虫盛孵期	每7～10 d叶面喷洒一次，连续1～2次
	5%吡虫啉乳油	1 000倍		
	30号机油乳剂	30～40倍		

（续表）

防治对象	推荐药剂	施用浓度	施用时期	施用方法
粉蚧类害虫	5.7%甲氨基阿维菌素苯甲酸盐乳油	2 000倍	幼虫盛孵期	每7~10 d叶面喷洒一次，连续1~2次
	5%吡虫啉乳油	1 000倍		
蜡蝉类害虫	10%吡虫啉可湿性粉剂	2 000~3 000倍	幼虫盛孵期	每7~10 d叶面喷洒一次，连续1~2次
	1%甲氨基阿维菌素苯甲酸盐	1 000倍		
	25%吡蚜酮可湿性粉剂	1 000倍		
螨类害虫	10%吡虫啉可湿性粉剂	1 500倍	幼虫盛孵期	每15~20 d叶面喷洒一次，轮换用药
	10%阿维菌素水分散剂	1 500倍		
	2.5%溴氰菊酯乳油	2 000倍		
桔小实蝇	50%二嗪农乳油	1 000倍	幼虫盛孵期	每7 d左右喷洒一次，连续2~3次
卷叶蛾类害虫	2.5%高效氯氟氰菊酯水乳剂	3 000倍	幼虫盛孵期	每10~14 d喷一次，连续1~2次
	10%顺式氯氰菊酯悬浮剂	5 000倍		
象甲类害虫	50%辛硫磷乳油	200倍		初成虫出土时在地面喷洒，成虫盛发期树上喷洒
	2.5%溴氰菊酯乳油	1 500倍		
	2%阿维菌素乳油	2 000倍		
金龟子类害虫	2.5%溴氰菊酯乳油	2 000~3 000倍	成虫发生期	树冠上喷施
	12.5%高效氯氟氰菊酯乳油	2 000~3 000倍		
	5%辛硫磷颗粒剂	—	幼虫盛孵期	树冠下撒施

A3 红毛丹种苗嫁接方法和步骤示意图

（资料性）

红毛丹种苗嫁接方法和步骤示意图见图A3-1和图A3-2。

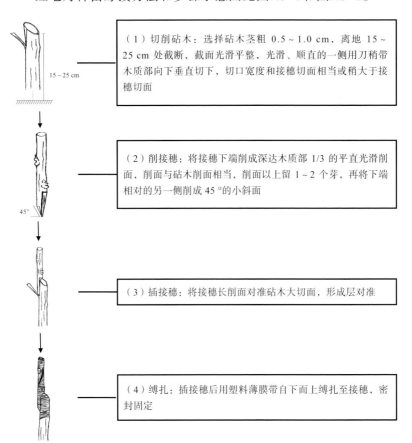

（1）切削砧木：选择砧木茎粗 0.5~1.0 cm，离地 15~25 cm 处截断，截面光滑平整，光滑、顺直的一侧用刀稍带木质部向下垂直切下，切口宽度和接穗切面相当或稍大于接穗切面

（2）削接穗：将接穗下端削成深达木质部 1/3 的平直光滑削面，削面与砧木削面相当，削面以上留 1~2 个芽，再将下端相对的另一侧削成 45°的小斜面

（3）插接穗：将接穗长削面对准砧木大切面，形成层对准

（4）缚扎：插接穗后用塑料薄膜带自下而上缚扎至接穗，密封固定

图A3-1　切接方法和步骤示意

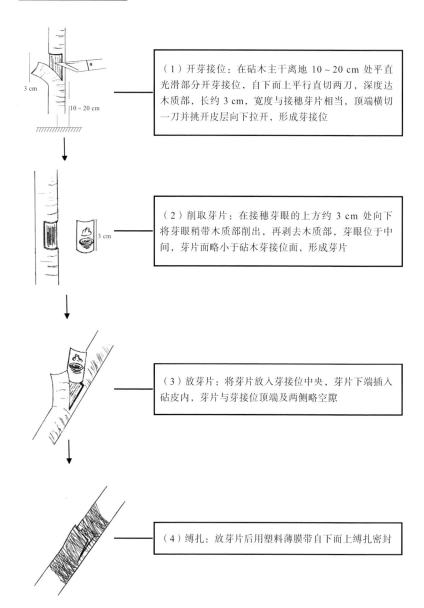

（1）开芽接位：在砧木主干离地 10～20 cm 处平直光滑部分开芽接位，自下而上平行直切两刀，深度达木质部，长约 3 cm，宽度与接穗芽片相当，顶端横切一刀并挑开皮层向下拉开，形成芽接位

（2）削取芽片：在接穗芽眼的上方约 3 cm 处向下将芽眼稍带木质部削出，再剥去木质部，芽眼位于中间，芽片面略小于砧木芽接位面，形成芽片

（3）放芽片：将芽片放入芽接位中央，芽片下端插入砧皮内，芽片与芽接位顶端及两侧略空隙

（4）缚扎：放芽片后用塑料薄膜带自下而上缚扎密封

图A3-2 补片芽接方法和步骤示意

A4 红毛丹嫁接育苗技术档案

（资料性）

红毛丹嫁接育苗技术档案见表A4-1。

表A4-1 红毛丹嫁接育苗技术档案

育苗单位		育苗地点	
播种时间	年 月 日	育苗责任人	
芽苗移栽时间	年 月 日	育苗记录人	
嫁接时间	年 月 日	出圃时间	年 月 日
施肥管理			
肥料种类、供应商		施肥次数	
肥料用量		施肥时间	年 月 日
病虫害防治			
防治措施		防治药剂	
药剂用量		防治时间	年 月 日
育苗数量/株		出圃数量/株	
备注			

审核人（签字）： 日期： 年 月 日

A5 红毛丹嫁接苗生产技术路线

（资料性）

红毛丹嫁接苗生产技术路线见图A5-1。

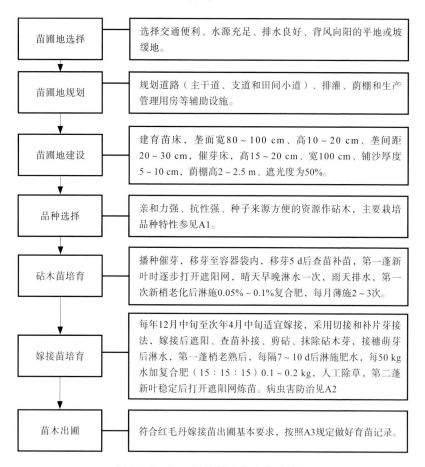

图A5-1 红毛丹嫁接苗生产技术路线

红毛丹

B 31

NY

中 华 人 民 共 和 国 农 业 行 业 标 准

NY/T 485—2002

红毛丹

Rambutan

2002-01-04发布　　　　　　　　　　2002-02-01实施

中华人民共和国农业部　发布

前　言

本标准由农业部农垦局提出。

本标准由农业部热带作物及制品标准化技术委员会归口。

本标准起草单位：农业部热带农产品质量监督检验测试中心、海南省保亭热带作物科学研究所。

本标准主要起草人：贺利民、刘洪升、何子育、吴向崇。

红毛丹

1 范围

本标准规定了红毛丹鲜果的要求试验方法、检验规则、标志、标签、包装、运输与储存。

本标准适用于红色果类和黄色果类的红毛丹鲜果的质量评定和贸易。

2 规范性引用文件

下列文件中的条款通过本标准的引用而成为本标准的条款。凡是注日期的引用文件，其随后所有的修改单（不包括勘误的内容）或修订版均不适用于本标准，然而，鼓励根据本标准达成协议的各方研究是否可使用这些文件的最新版本。凡是不注日期的引用文件，其最新版本适用于本标准。

GB 19　包装储运图示标志

GB 2762　食品中汞限量卫生标准

GB 4810　食品中砷限量卫生标准

GB/T 5009.11　食品中总砷的测定方法

GB/T 5009.12　食品中铅的测定方法

GB/T 5009.17　食品中总汞的测定方法

GB/T 5009.19　食品中六六六、滴滴涕残留量的测定方法

GB/T 5009.20　食品中有机磷农药残留量的测定方法

GB/T 5009.38　蔬菜、水果卫生标准的分析方法

GB 5127　食品中敌敌畏、乐果、马拉硫磷、对硫磷最大残

留限量标准

 GB 7718 食品标签通用标准

 GB/T 8855 新鲜水果和蔬菜的取样方法

 GB/T 12295 水果、蔬菜制品 可溶性固形物含量的测定折射仪法

 GB 14870 食品中多菌灵最大残留限量标准

 GB 14872 食品中乙酰甲胺磷最大残留限量标准

 GB 14876 食品中甲胺磷和乙酰甲胺磷农药残留量的测定方法

 GB 14935 食品中铅限量卫生标准

3 术语和定义

下列术语和定义适用于本标准。

3.1 成熟度 degree of maturity

果实达到该品种固有的大小、色泽、品质风味的程度。

3.2 穗梗 main stalk

果穗上的主轴穗梗。

3.3 品种特征 characteristics of the variety

该品种成熟期所具有的果形如近圆形、卵形等以及果顶、果基的特殊形状。

3.4 着色 coloring

果皮绿色消退后固有色泽的形成。

3.5 缺陷 defects

果实在生长发育和采摘过程中因机械作用及其他因素造成影

响果实美观，甚至致使果实腐烂的伤害。

3.6　可食率 edible percentage

可供食用的果肉与总果重之比，以百分率表示。

4　要求

4.1　基本要求

果实达到适当成熟度采摘；品种纯正，果实新鲜；具有该品种成熟时固有的色泽，正常的风味及品质；外观洁净，不得沾染泥土或被其他外物污染。

4.2　等级要求

红毛丹分为优等、一等、二等三个等级，各等级的要求应符合表1的规定。

表1　红毛丹等级要求

项目	要求		
	优等品	一等品	二等品
果形	具该品种特征，大小均匀一致	具该品种类似特征，形状较一致	具该品种类似特征，大小比较一致，无明显畸形果
色泽	着色良好，刺毛鲜艳、完整	着色较好，刺毛较完整	着色较好，刺毛基本完整
果肉	肉质新鲜，口感爽滑、甜脆，风味正常，厚度均匀，弹性好	肉质新鲜，口感爽滑、甜脆，风味正常，厚度均匀，弹性好	肉质新鲜，口感爽滑、脆，风味正常，厚度均匀，弹性好

（续表）

项目	要求		
	优等品	一等品	二等品
穗梗	穗梗长不大于3 cm，无空果穗枝，无不合格果枝	穗梗长不大于3 cm，无空果穗枝	穗梗长不大于3 cm，无空果穗枝
病虫害及缺陷	无病虫害，允许有极轻微缺陷，但不影响果实外观或内在品质	无病虫害，允许有较轻微缺陷，但不影响果实外观或内在品质	无病虫害，允许有轻微缺陷，但不影响果实内在品质

4.3 理化指标

红毛丹鲜果的理化指标应符合表2的规定。

表2 理化指标

项目		理化指标		
		优等品	一等品	二等品
果实数	大果型（个/kg）	≤21	≤24	≤28
	中果型（个/kg）	≤25	≤28	≤32
	小果型（个/kg）	≤32	≤36	≤39
可溶性固形物（%）		≥14		
可食率（%）		黄色果类：≥55；红色果类：40		

4.4 卫生指标

六六六、滴滴涕不得检出。

其余按GB 2762、GB 4810、GB 5127、GB 14870、GB 14872、GB 14935规定执行。

4.5　容许度

4.5.1　优等品

允许不符合这一等级要求的果实不超过3%，但应符合一等品的要求。

4.5.2　一等品

允许不符合这一等级要求的果实不超过5%，但应符合二等品的要求。

4.5.3　二等品

允许10%的果实不符合这一等级的质量要求，但腐烂和变质的影响不得使果品不适于消费。

5　试验方法

5.1　感官检验

果形、色泽、病虫害和缺陷等外观性状：目测。

果肉：品尝。

穗梗：用卷尺或直尺量取果穗上的主轴穗梗长度，重复测量两次，结果以平均值计，精确至0.1 cm。

5.2　果实数

称取1 kg检测样果，清点个数。重复测定两次，结果以平均值计（单位为：个/kg），精确至整数位。

5.3　可食率

5.3.1　方法

取10～20个样果，称出总重，然后仔细将果实各部分分开，称量果皮、种子等全部不可食部分质量。

5.3.2　计算

按公式（1）计算可食率：

$$X（\%）= \frac{m_0 - m_1}{m_0} \times 100 \qquad（1）$$

式中，X 为可食率，%；m_0 为样果质量，单位为克（g）；m_1 为不可食部分质量，单位为克（g）。

重复测定两次，结果以平均值计，精确至整数位。

5.4　可溶性固形物

按GB/T 12295规定执行。

5.5　卫生检验

取样果可食部分作待测样品，按GB/T 5009.11、GB/T 5009.12、GB/T 5009.17、GB/T 5009.19、GB/T 5009.20、GB/T 5009.38与GB 14876规定执行。

5.6　容许度计算

取同一包装内全部的样果按品质要求将各级果实分类，并分项称量或计数。如果一个样品同时出现多种缺陷，选择一种主要的缺陷，按一个缺陷计。按公式（2）计算容许度，算至小数点后一位。

$$B（\%）= \frac{m_2}{m_3} \times 100 \qquad（2）$$

式中，B 为单项不合格果率，%；m_2 为单项不合格果质量或果数，单位为克或个（g或个）；m_3 为样果质量或果数，单位为克或个（g或个）。

6　检验规则

6.1　组批

同一产地、同一品种、同一批采收、同一等级红毛丹作为一个检验批次。

6.2　抽样

按照GB/T 8855规定执行。

6.3　判定规则

6.3.1　经检验符合4要求的产品，该批产品按本标准判定为相应等级的合格产品。

6.3.2　卫生指标检验结果中一项指标不合格，该批产品按本标准判定为不合格产品。

6.4　复验

若贸易双方发生争议，允许在原批次果中加倍抽样复检，复检结果为最终判定依据。

7　标志、标签

标志按照GB 191中规定执行，标签按GB 7718中有关规定执行。

8　包装、运输与储存

8.1　包装

8.1.1　容器要求

包装材料应符合食品卫生的要求。包装建议采用塑料框包装，塑料框应清洁、牢固、美观。

8.1.2 净重

每件包装果实净重不得超过15 kg；每件净重不得低于标示质量的5%。

8.1.3 包装的其他要求

每一包装容器内只能装同一产地、同一批采收、同一品种、同一等级的果实，不得混淆。

8.2 运输

红毛丹果实柔嫩，多柔刺易受损，装卸中要求轻搬轻放。

运输工具应清洁，有防晒、防雨和通风设施。

有条件的尽可能采用低温（10℃±3℃）运输。

8.3 储存

产品应存放在阴凉、通风的库房内，不受阳光照射和雨淋。

库房应干燥，无不良气味，防止仓库虫害。

冷库储存：宜置10℃±3℃冷库中储藏，并保持库内相对湿度85%～90%。

附录 C

无公害食品　红毛丹
生产技术规程

ICS 65.020.20
B 31

NY

中 华 人 民 共 和 国 农 业 行 业 标 准

NY/T 5258—2004

无公害食品 红毛丹生产技术规程

2004-01-07发布

2004-03-01实施

中华人民共和国农业部 发布

前　言

本标准由中华人民共和国农业部提出。

本标准起草单位：中国热带农业科学院热带作物品种资源研究所、农业部热带农产品质量监督检验测试中心。

本标准主要起草人：陈业渊、魏守兴、高爱平、吴莉宇、邓穗生、贺军虎、李松刚、郑玉、李琼。

无公害食品 红毛丹生产技术规程

1 范围

本标准规定了红毛丹（*Nephelium lappaceum* L.）生产的园地选择与规划、品种选择种植、土壤管理、水肥管理、树体管理、花果管理、病虫害防治以及采收等管理技术要求。

本标准适用于全国范围内的无公害红毛丹的生产。

2 规范性引用文件

下列文件中的条款通过本标准的引用而成为本标准的条款。凡是注日期的引用文件，其随后所有的修改单（不包括勘误的内容）或修订版均不适用于本标准，然而，鼓励根据本标准达成协议的各方研究是否可使用这些文件的最新版本。凡是不注日期的引用文件，其最新版本适用于本标准。

GB 4284　农用污泥中污染物控制标准

GB 4285　农药安全使用标准

GB 5084　果树种苗质量标准

GB 8172　城镇垃圾农用控制标准

GB/T 8321　（所有部分）农药合理使用准则

NY/T 227　微生物肥料

NY/T 394　绿色食品肥料使用准则

NY 5023　无公害食品　热带水果产地环境条件

NY 5257　无公害食品　红毛丹

3 园地选择与规划

3.1 园地选择

选择最冷月均温≥15℃，绝对最低温≥7℃，年降水量≥1 200 mm，相对湿度≥80%的地区建园。园地要求：开阔向阳、避风、坡度≤20°的平地或缓坡地；土壤要求：土层深厚、有机质丰富、排水和通气良好、pH值5.5～7.0的冲积土或壤土。园地环境质量必须符合NY 5023的规定。

3.2 园地规划

根据园地地形，分成若干小区。小区面积1～1.5 hm²。同一小区应种植同一类型、品种。每小区四周宜营造防护林带。根据园地规模、地形地势建立排灌系统、道路系统。丘陵山地沿等高线种植。

4 品种选择

选择适应当地气候土壤条件，优质、高产抗性强、商品性好的品种，宜配植授粉树，比例为（8～10）：1。

5 种植

5.1 种苗质量按GB 5084的要求执行。

5.2 种植时间

推荐采用春植、秋植。

5.3 种植密度

可采用株距4～5 m、行距6～7 m的种植密度，平地和土壤肥力较好的园地宜疏植，坡度较大的园地可适当缩小行间距。

5.4　种植方法

5.4.1　种植穴准备

植穴面宽80 cm，深70 cm，底宽60 cm，挖穴时将表土和底土分开，暴晒15～20 d。回穴时混以绿肥、秸秆、腐熟的人畜粪尿、饼肥等有机肥及磷肥，每穴施有机肥15～20 kg，磷肥0.5 kg。有机肥及磷肥置于植穴的中下层，表土覆盖于植穴的上层，并培成土丘。植穴及基肥应于种植前1～2个月准备完毕。

5.4.2　种植方法

将红毛丹苗置于穴中间，根茎结合部与地面平齐，扶正、填土、压实，再覆土，在树苗周围做成直径0.8～1.0 m的树盘，浇足定根水，稻草等覆盖。

6　土壤管理

6.1　间种、覆盖

在幼龄红毛丹园，可间种花生、绿豆、大豆等作物或者在果园长期种植无刺含羞草、柱花草作活覆盖。在树盘覆盖树叶、青草、绿肥等，每年2～3次。

6.2　中耕除草

结合间作物管理同时进行，每年4～6次。开花期、果实着色期不宜松土。

6.3　果园化学除草

红毛丹果园化学除草主要是针对恶性宿根杂草。允许使用的除草剂有：草甘膦、百草枯、二甲四氯。果实发育期禁止使用任何除草剂。禁用未经国家有关部门批准登记和许可生产的除草剂。

7 水肥管理

7.1 允许使用的肥料种类及质量

7.1.1 按NY/ T394所规定的农家肥、商品肥料及处理方法执行。

7.1.2 按NY/T 227规定的微生物肥料种类和使用要求执行。

7.1.3 农家肥应堆放，经过50℃以上高温发酵7 d以上，沼气肥需经密封储存30 d以上。

7.1.4 城市生活垃圾、污泥，按GB 8172和GB 4284规定执行。

7.2 施肥方法和数量

7.2.1 基肥施用

从种植后第一年开始，在6—9月，结合果园中耕除草作业，在树冠滴水线内侧对称挖2条施肥沟扩穴改土，规格长80 cm×宽40 cm×深80 cm，压绿肥或杂草40～50 kg，或土杂肥20～30 kg。

7.2.2 幼龄树施肥

当植株抽生第2次新梢时开始施肥。全年施肥3～5次，以氮肥为主，适当混施磷肥、钾肥。施肥位置：第1年距离树基约15 cm处，翌年以后在树冠滴水线处。前3年施用氮、磷、钾三元复合肥（15：15：15）或相当的复合肥，第4年开始投产，改施硫酸镁三元复合肥（12：12：17）或相当的复合肥。1～4龄树推荐施肥量分别为0.5 kg/（年·株），1.0 kg/（年·株），1.5 kg/（年·株），2.0 kg/（年·株）。

7.2.3 结果树施肥

促花肥：在11月至翌年3月中旬开花前施用，推荐施肥量为沤水肥或人畜粪水15 kg+三元复合肥0.2 kg/株，溶解拌匀，沿树冠滴水线四周挖沟淋施，随后覆土。

壮果肥：氮肥、钾肥为主，开花后至第2次生理落果前施用，推荐施肥量为0.3%磷酸二氢钾+0.5%尿素，叶面喷施2～3次，于晴天16：00后至傍晚进行。

采果肥：早熟品种、长势旺盛或结果少的树在采果后1～2周施用，反之在采果前一个月施用。6—8月结合深沟压青进行，推荐施肥量为农家肥或垃圾肥25～40 kg+氮、磷、钾三元复合肥（15∶15∶15）0.5 kg/株。

7.3 水分管理

干旱期花果期及时灌水；雨季前修排水沟，以利排水。灌溉水质量符合NY 5023规定。

8 树体管理

8.1 修剪

幼龄树苗高1～1.5 m时摘顶，以促生侧枝，在离地50 cm以上，选留3～4条分布均匀、生长健壮的分枝作主枝，主枝长到30～50 cm时摘顶，并分期逐次培养各级分枝，使形成一个枝序分布均匀合理、通风透光良好的矮化半球形树冠。结果树采收后清园，并剪去花序残枝枯枝、徒长枝、重叠枝、病虫枝及所有不利于生长发育的枝条。

8.2 风后处理

斜倒植株，及时排除渍水，清理洞穴杂物，剪去断根后，用新干土填实洞穴，根圈培土，适当整修树冠。遇旱淋水，施1～2次速效氮肥。

9 花果管理

9.1 促花

叶面喷施40%乙烯利300 mg/L或萘乙酸钠液15～20 mg/L，促进开花，根据温度条件调整溶液浓度和喷施次数。

9.2 疏花

一般在花穗抽生10～15 cm，花蕾未开放时进行。疏折花穗数量应视树的长势、树龄、品种、花穗数，施肥和管理不同而定。

9.3 授粉

适当配植授粉树、盛花期采用放蜂、人工辅助授粉、雨后摇花、高温干燥天气果园喷水、灌水等措施，创造良好授粉条件。

9.4 保花保果

推荐施用赤霉素50～70 mg/L，叶面和果穗喷施，谢花后喷施第1次，20 d后喷施第2次，以保果壮果。

10 病虫害防治

10.1 防治原则

以"预防为主、综合防治"为原则，提倡采用农业防治、生物防治、物理防治等方法，合理使用高效、低毒、低残留化学农药，禁用高毒、高残留化学农药。

10.2　防治方法

10.2.1　农业防治

10.2.1.1　实行小区单一品种栽培，尽量控制小区栽种品种梢期和成熟期一致。

10.2.1.2　综合运用防护林带和天敌寄主植物，营造利于天敌繁衍的生态环境。

10.2.1.3　避免与交互寄主植物（荔枝、可可、咖啡等）间作或混作。

10.2.1.4　平衡施肥和科学灌水，提高作物抗性。

10.2.1.5　及时修剪、摇花，并搞好园地清洁卫生。

10.2.2　生物防治

10.2.2.1　人工释放平腹小蜂防治椿象，助迁捕食性瓢虫控制蚜类等。

10.2.2.2　保留或种植藿香蓟等杂草，营造适合天敌生存的果园生态环境。使用对天敌低毒或无毒的防治药剂，选择对天敌影响小的施药方法和时间。推荐使用阿维菌素、苏云金杆菌、链霉素等生物源农药。

10.2.3　物理防治

采用诱虫灯等诱杀害虫；利用金龟子的假死性，通过摇树进行人工捕杀。

10.2.4　化学防治

10.2.4.1　参照执行GB 4285和GB/T 8321（所有部分）中有关的农药使用准则和规定。

10.2.4.2　禁用未经国家有关部门批准登记和许可生产的农药。

10.2.4.3 选择不同类型、不同作用机理的农药交替使用；选择作用机制不同，混用后增效不增毒的药剂混合使用。

10.2.4.4 根据病虫害的发生规律和不同农药的持效期，选择合适的农药种类、最佳防治时期、高效施药技术进行防治，减少对人、畜、天敌的毒害以及对产品和环境的污染。

10.2.4.5 防治示例

红毛丹病虫害化学防治示例见表1。

表1　红毛丹病虫害化学防治示例

防治对象	盛发期	为害部位	使用药剂	防治方法
天杜蛾、蒂蛀虫、卷叶蛾等蛾类	3—4月，8—9月	嫩叶	敌百虫、溴氰菊酯、敌敌畏、氯氟氰菊酯、氰戊菊酯	幼虫孵化至三龄前，在叶片的正面和背面，全树喷施，间隔5～7 d喷一次，连续喷2～3次
蚜虫	旱季	嫩梢	乐果敌敌畏、氯氰菊酯	在叶片的正面和背面，全树喷施，间隔5～7 d喷一次，连续喷2～3次
吹绵蚧	12月至翌年3月	新梢和叶片	乐果、吡虫啉	幼蚧孵化高峰期，在叶片的正面和背面，全树喷施，间隔5～7 d喷一次，连续喷2～3次
椿象	果实膨大期、成熟期	果实	敌百虫、吡虫啉、氯氰菊酯	于越冬后开始交尾而未产卵和卵孵化高峰期防治，成虫羽化期进行人工捕杀，成虫卵期释放平腹小蜂
金龟子、28星瓢虫		嫩叶	敌百虫	成虫盛发期傍晚喷雾，摇树进行人工捕杀

（续表）

防治对象	盛发期	为害部位	使用药剂	防治方法
天牛	果实成熟期	树体	敌敌畏	用棉花蘸上农药堵塞虫孔，成虫羽化季节人工捕杀
黑果病	坐果期、果实膨大期、成熟期	果实	甲基硫菌灵、多菌灵	防治吹绵蚧
炭疽病	坐果期、果实膨大期、成熟期	果实	氢氧化铜（波尔多液）、甲基硫菌灵、百菌清	结合冬季清园喷施，雨季前喷施
霜霉病	坐果期、果实膨大期、成熟期	果实	氢氧化铜（波尔多液）、甲霜灵、甲霜灵·锰锌	在发病初期喷施，间隔 5～7 d 喷一次，连续喷 2～3 次
藻斑病、叶枯病		叶片	氢氧化铜（波尔多液）、百菌清、甲基硫菌灵	在发病初期喷施，间隔 5～7 d 喷一次，连续喷 2～3 次，清除病叶集中烧毁

11　采收

一串果穗中有个别果变红（红果品种）或变黄（黄果品种）时，可全穗采取，树上大部分果穗有果变红（红果品种）或变黄（黄果品种）时可全株采收。一般于早晨或傍晚用收果剪或用锐利收果叉（钩）在花序与结果母枝交界处剪下果穗（单果带果柄），小心放入果筐内，并置于阴凉处。采果时防止损伤枝梢，影响翌年结果。

采收后即时处理，依据品种、成熟度、果实大小进行分级，剔除病虫果、损伤果和畸形果，分级包装出售。